DER TÜRKISBLAUE ZWERGTAGGECKO
LYGODACTYLUS WILLIAMSI

Beate Röll

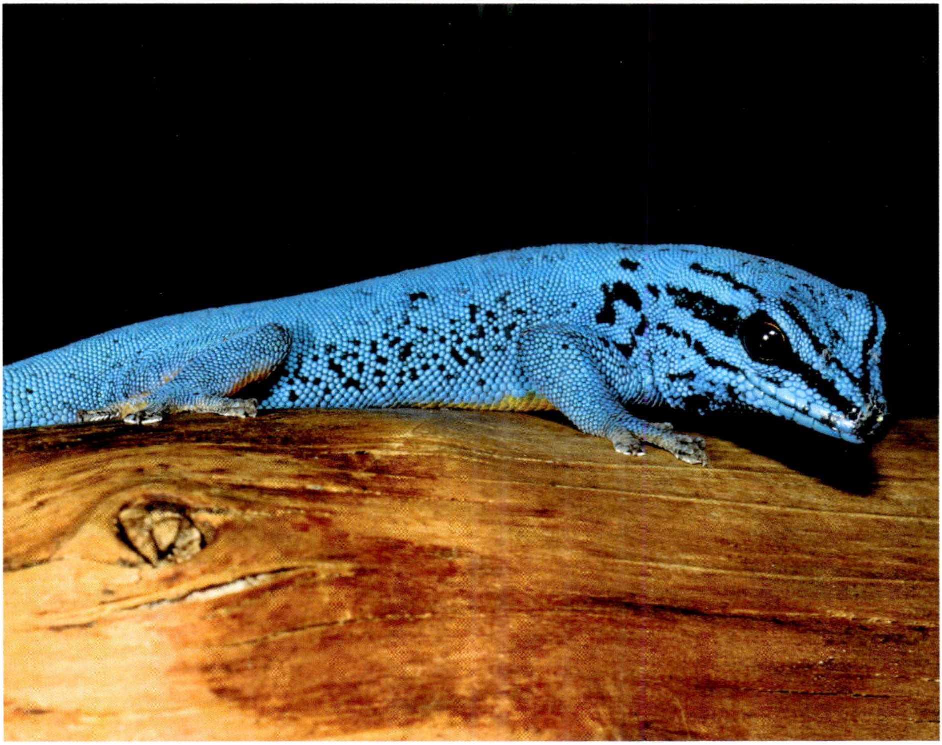

Weibchen von *L. williamsi*
Foto: B. Röll

Inhalt

Bildnachweis
Titelbild: Männchen von *L. williamsi* Foto: B. Röll
Kleines Bild: Unterseite eines Schlüpflings von *L. williamsi* Foto: B. Röll
Seite 1: Porträt von *L. williamsi* Foto: B. Röll

ISBN 978-3-86659-173-8

5., überarbeitete Auflage 2022

An der Kleimannbrücke 39/41
48157 Münster
www.ms-verlag.de

Geschäftsführung: Matthias Schmidt
Lektorat: Mike Zawadzki & Axel Kwet
Layout: Tanja Denker
Druck: Pario Print, Krakau

Vorwort

GECKOS der Gattung *Lygodactylus* sind kleine, tagaktive Echsen, die in der Regel eine Gesamtlänge von 9 bis 10 cm nicht überschreiten. Die Gattung umfasst zurzeit 71 Arten, die hauptsächlich in Afrika südlich der Sahara und auf Madagaskar vorkommen. Einen Großteil der auf dem afrikanischen Festland lebenden Arten findet man im ostafrikanischen Staat Tansania. Wie allgemein üblich bei *Lygodactylus* sind auch die meisten tansanischen Arten zwar hübsch gemustert, aber doch in eher unscheinbaren Farben wie Grau, Beige, Braun und Schwarz. Nur wenige Arten weisen ein auffälligeres Farbkleid auf, so z. B. der Gelbkopf-Zwergtaggecko, *Lygodactylus picturatus*, bei dem die Männchen einen auffällig gelb gefärbten Kopf und einen davon abgesetzten hellblau-grauen Körper haben.

Aber keine Art ist so prächtig gefärbt wie *Lygodactylus williamsi*: Die Männchen sind leuchtend türkisblau mit teilweise orangefarbener Unterseite, die Weibchen grün-bronzefarben mit gelber Unterseite. Doch diese Prachtfärbung hätte ihr auch zum Verhängnis werden können, da die Geckos verständlicherweise gerade deshalb als Terrarientiere sehr begehrt waren und es auch immer noch sind. Seit der „Entdeckung" von *L. williamsi* für die Terraristik wurden sehr viele Tiere aus ihrem relativ kleinen Verbreitungsgebiet in Tansania für den Tierhandel vor allem nach Europa und in die USA exportiert und dann – so manches Mal in schlechtem Zustand – auf Börsen oder im Fachhandel verkauft.

Die Zahl der für den Handel gefangenen Geckos wurde innerhalb weniger Jahre unverhältnismäßig hoch. Das Absammeln der Geckos und die fortschreitende Zerstörung ihres räumlich begrenzten Verbreitungsgebietes bedrohte den Fortbestand dieser Art, und daher wurden Artenschutzmaßnahmen notwendig. *Lygodactylus williamsi* steht aktuell (2021) auf Anhang I des Washingtoner Artenschutzabkommens (WA), das auch als CITES (Convention on International Trade in Endangered Species of Wild Fauna and Flora) bezeichnet wird. Für Arten in Anhang I ist im Allgemeinen jeglicher kommerzieller Handel verboten, nur in Ausnahmefällen können Ein- oder Ausfuhren erlaubt

werden. *Lygodactylus williamsi* darf also ohne Genehmigung des Exportlandes Tansania nicht mehr ausgeführt werden. Somit stehen für die Terraristik keine Wildfänge mehr zur Verfügung.

Für *Lygodactylus williamsi* bestehen zurzeit Nachzuchtprogramme in einigen europäischen Zoos. Auch einige Firmen des Zoofachhandels züchten diese Art nach. Weiterhin gibt es etliche private Halter, die sie erfolgreich vermehren und von denen Sie Tiere mit den erforderlichen Bescheinigungen bekommen können. Ihre Exemplare müssen Sie dann bei den entsprechenden Behörden anmelden. Dieser Band über den Türkisblauen Zwergtaggecko legt die Grundlage zur Kenntnis seiner Biologie und beschreibt die Grundvoraussetzungen für eine artgerechte, langjährige Haltung und erfolgreiche Vermehrung.

Beate Röll

Männchen von *L. williamsi* Foto: B. Röll

Zwergtaggeckos oder die Gattung *Lygodactylus*

DIE Gattung *Lygodactylus*, deren Mitglieder wegen ihrer geringen Gesamtgröße von 6 bis maximal 10 cm auch als Zwergtaggeckos bezeichnet werden, wurde 1864 von GRAY aufgestellt. Ihre Typusart, d. h. diejenige Art, anhand derer die Gattung erstmals beschrieben wurde, ist *L. capensis* aus dem südlichen Afrika. Systematisch gehört die Gattung *Lygodactylus* zu den Gekkonidae, der Familie der Eigentlichen Geckos. Alle Arten sind tagaktiv.

Zurzeit umfasst die Gattung *Lygodactylus* 71 Arten: 47 Arten kommen in Afrika südlich der Sahara (einschließlich der Inseln des Sansibar-Archipels im Indischen Ozean, der Insel Juân de Nova in der Straße von Mosambik und einiger Inseln im Atlantik) und 22 Arten auf Madagaskar vor. Zwei Arten sind in Südamerika zu finden. Gegenwärtig kommen also die meisten Arten in Afrika vor. Eine erste umfassende genetische Analyse zeigte jedoch, dass die Gattung *Lygodactylus* einen madagassischen Ursprung hat und sich zunächst von Madagaskar nach Afrika ausbreitete (RÖLL et al. 2010). Danach kam es dann mindestens einmal zu einem weiteren Austausch, diesmal von Afrika zurück in Richtung Madagaskar. Eine neue genetische und morphologische Analyse bestätigt einen madagassischen Ursprung der Gattung, schließt aber einen Ursprung in Afrika nicht unbedingt aus (GIPPNER et al. 2021).

Lygodactylus-Arten in Tansania

VON den 45 auf dem afrikanischen Festland lebenden *Lygodactylus*-Arten kommen je nach Autor 18–20 Arten in Tansania vor. Neun Arten davon sind endemische Formen, d. h., diese Arten sind in ihrer Verbreitung auf Tansania begrenzt.

Die meisten der tansanischen *Lygodactylus*-Arten gehören der *picturatus*- und der *scheffleri*-Gruppe an. Bei vielen Arten sind sowohl

Weibchen von *L. picturatus* am Tiwi Beach, Kenia Foto: B. Röll

Systematische Stellung der Gattung *Lygodactylus* innerhalb der Reptilien:

Klasse:	Reptilia
Unterklasse:	Lepidosauria
Ordnung:	Squamata (Schuppenkriechtiere: Echsen und Schlangen)
Unterordnung:	Sauria (Echsen)
Zwischenordnung:	Gekkota (Geckoartige)
Familie:	Gekkonidae (Eigentliche Geckos)
Gattung:	*Lygodactylus*

Die 71 Arten werden nach morphologischen und genetischen Merkmalen in insgesamt 14 Verwandtschaftsgruppen eingeteilt: Vier Gruppen kommen auf Madagaskar, neun in Afrika und eine in Südamerika vor (Pasteur 1965; Puente et al. 2009; Röll et al. 2010; Röll 2013). Zwei Arten gehören keiner Gruppe an. Die Gruppe mit den weitaus meisten Mitgliedern ist die *picturatus*-Gruppe, deren Mitglieder hauptsächlich in Ostafrika, aber auch in Zentral- und Westafrika sowie bis ins südliche Afrika zu finden sind.

Männchen als auch Weibchen gleich gefärbt, aber die *picturatus*-Gruppe enthält zwei Arten, die einen deutlichen Geschlechtsdichromatismus (unterschiedliche Färbung bei Männchen und Weibchen) aufweisen: *L. picturatus* und besonders *L. williamsi.*

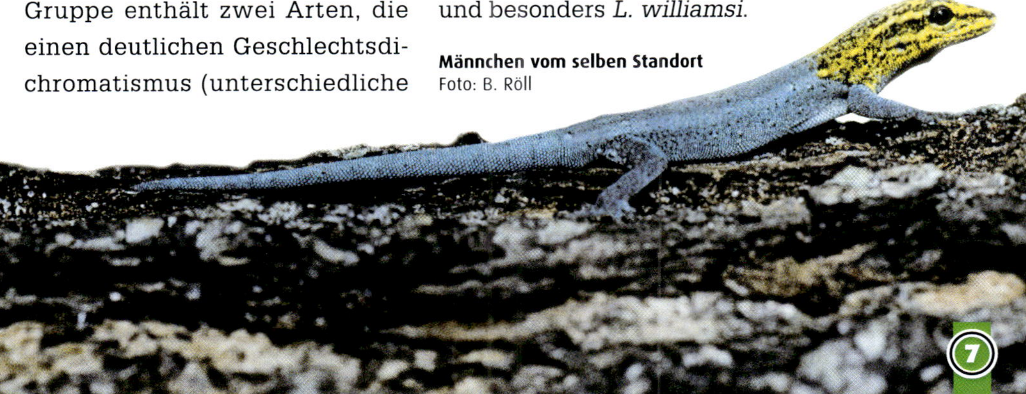

Männchen vom selben Standort
Foto: B. Röll

Entdeckung von *Lygodactylus williamsi* für di

IN den sechziger Jahren des vorigen Jahrhunderts war ein Engländer namens John G. Williams Kurator für Vögel am damaligen Coryndon-Museum in Nairobi. Er schrieb den ersten Feldführer über ostafrikanische Vögel und später den ersten Feldführer über die Schmetterlinge Afrikas.

Am 23. November 1950 war Williams in einem Waldgebiet namens Kimboza im Südosten der Uluguru Mountains (Uluguru-Berge) Tansanias unterwegs und fing einen kleinen Gecko, der ihm wegen seiner leuchtend türkisblauen Färbung auffiel. Den Gecko sandte er an Arthur Loveridge, seit 1924 Kurator der herpetologischen Sammlung des Harvard Museums in Massachusetts (USA). Zuvor war Loveridge selber zehn Jahre lang ebenfalls am Coryndon-Museum in Nairobi tätig gewesen.

Loveridge beschrieb den auffällig blauen Gecko zwei Jahre später, 1952, als Unterart von *Lygodactylus picturatus*, da er keine Unterschiede in den Schuppenmerkmalen zwischen der neuen Form und *L. picturatus* erkennen konnte. Die Unterart bekam den wissenschaftlichen Namen *williamsi* zu Ehren ihres Entdeckers. Loveridge lag nur ein Tier vor, ein Männchen, das zum Holotypus dieser Art wurde. Bei diesem einen bekannten Tier sollte es lange Zeit bleiben.

Auch Georges Pasteur, der 1965 eine Monographie über die gesamte Gattung *Lygodactylus* vorlegte, stand für seine Untersuchungen nur der Holotypus, der im Museum of Comparative Zoology, Harvard College, unter der Katalog-Nummer „Herpetology R-51.500" aufbewahrt wird, zur Verfügung. Er verglich ihn wegen seiner auffälligen Färbung mit einem Vertre-

Entdeckung von *Lygodactylus williamsi* für di

GROßES Interesse wurde *L. williamsi* zunächst also nicht entgegengebracht. Das änderte sich schlagartig, als in dem im Jahre 2002 erschienenen Feldführer über die Reptilien Ostafrikas von Spawls et al. (2002) die ersten Fotos von *L. williamsi* zu sehen waren: ein leuchtend blaues Männchen (ein Foto, das geradezu „unecht" aussah)

Wissenschaft

ter einer anderen Gecko-Gattung, deren Mitglieder besonders prächtig gefärbt sind: mit *Phelsuma madagascariensis*. PASTEUR (1965) war es auch, der den blauen *Lygodactylus* in den Artstatus erhob. In der Folgezeit wurde *L. williamsi* immer wieder einmal in der Literatur erwähnt, z. B. in Check-Listen der Fauna von Tansania sowie in Berichten einiger Naturschutz-Projekte in den Uluguru Mountains (BROADLEY & HOWELL 1991; DOGGART et al. 2004a, b). Erwähnt wurde die Art auch in einem Buch über die Küstenwälder Ostafrikas und die Bemühungen zu deren Schutz (BROADLEY & HOWELL 2000). Hier wurden für die Küstenwälder insgesamt neun *Lygodactylus*-Arten aufgelistet, darunter auch *L. williamsi* aus dem Kimboza Forest. Im englischen Sprachgebrauch wird die Art in diesen Abhandlungen als „turquoise-blue", „turquoise" oder „blue gecko" bezeichnet.

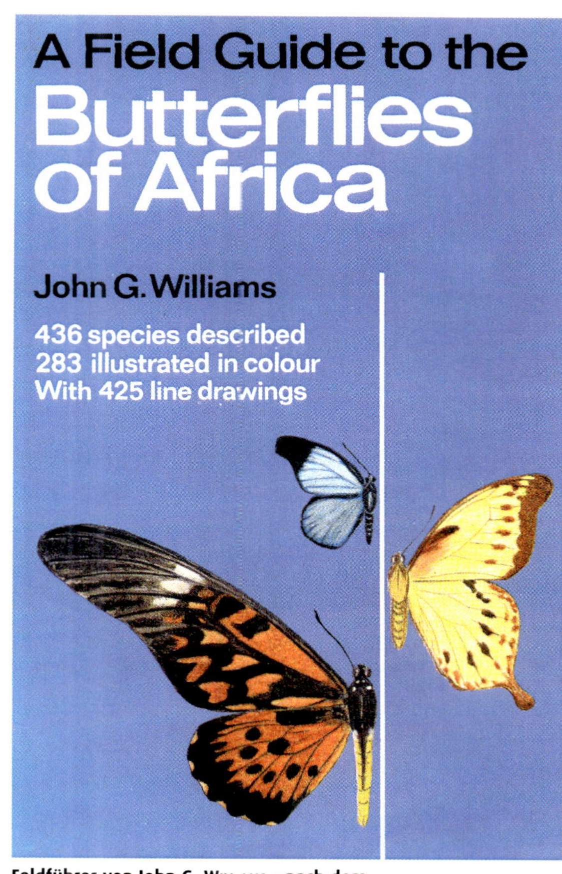

Feldführer von John G. WILLIAMS – nach dem *Lygodactylus williamsi* benannt wurde – über Schmetterlinge Afrikas

Terraristik

und dazu ein gelb-grünliches Weibchen. Da bis dahin nur einige Exemplare bekannt waren, stuften SPAWLS et al. (2002) die Art als „gefährdet" ein. Nur wenige Jahre nach der Drucklegung des Buches tauchten die ersten *L. williamsi* im Zoofachhandel auf. Danach wurde jedes Jahr eine große Anzahl an Exemplaren dieser Art aus Tansania exportiert.

Beschreibung

Größe und Gestalt

LYGOdactylus williamsi gehört mit zu den größten Vertretern der Gattung: Die Männchen erreichen eine Kopf-Rumpf-Länge (KRL) von 40–42 mm, die Weibchen bleiben mit 36–38 mm kleiner. Der Körper ist kompakt und mehr oder weniger zylindrisch; nur der Kopf ist leicht abgeflacht und endet in einer abgerundeten Schnauze. Der nahezu drehrunde, leicht gewirtelte Schwanz ist in der Regel etwas länger als die KRL und kann wie bei vielen anderen Geckos auch ganz oder teilweise abgeworfen werden (Schwanzautotomie). Der verlorene Teil wächst innerhalb von 3–4 Monaten wieder nach, hat aber anstelle von knöchernen Wirbeln einen Knorpelstab. Bei *L. williamsi* hat das regenerierte Schwanzstück eine einfachere Beschuppung ohne Wirtel, aber die jeweilige Originalfarbe (Blau bei Männchen, Grünlich bei Weibchen), es ist meist nur bei genauem Hinsehen als Regenerat zu erkennen.

Wie bei allen *Lygodactylus*-Arten ist der jeweils erste Zeh der gut ausgebildeten Vorder- und Hinterextremitäten stark verkürzt, besitzt aber eine kleine Kralle. Die zweiten bis fünften Zehen sind an ihrem Ende verbreitert und weisen auf der Unterseite Haftschuppen auf, die man schon an der weißen Farbe von der Zehenseite her erkennen kann. Die zweiten bis fünften Zehen sind gerade und haben eine gut ausgebildete, endständige Kralle. Diese Zehen sind unterschiedlich lang; der vierte Zeh ist der längste.

Aber nicht nur die Zehen haben ein Haftorgan ausgebildet, auch die Unterseite der leicht verbreiterten und abgeflachten, meist an die Unterlage gedrückten Schwanzspitze ist mit Haftschuppen verse-

Seitenansicht eines Weibchens von *L. williamsi* Foto: B. Röll

hen (siehe „Schuppenmerkmale“). Dieses Haftorgan hat der Gattung auch die Bezeichnung „Haftschwanzgeckos“ eingebracht.

Die Augen von *L. williamsi* sind relativ groß, können etwas nach vorn gerichtet werden und ermöglichen so ein begrenztes binokulares Sehen. Die Pupille ist rund und von einer schmalen, rotbraunen Iris eingefasst. Wie die meisten Geckos hat *L. williamsi* keine beweglichen Augenlider, sondern diese sind zu einer unbeweglichen, durchsichtigen „Brille“ verwachsen, die direkt über der Hornhaut liegt.

Färbung

Im Gegensatz zu den meisten Arten innerhalb der Gattung *Lygodactylus* weist *L. williamsi* einen ausgeprägten Geschlechtsdichromatismus aus. Ein farblicher Unterschied zwischen Männchen und Weibchen findet sich zwar auch bei *L. picturatus*, jedoch sind bei dieser Art nur die Männchen auffällig gefärbt, die Weibchen dagegen – wie bei den meisten anderen Geckos mit Geschlechtsdichromatismus – wesentlich unauffälliger. *Lygodactylus williamsi* weist insofern eine Besonderheit des Geschlechtsdichromatismus auf. Bei dieser Art sind sowohl die Männchen als auch die Weibchen auffällig gefärbt, aber in unterschiedlicher Weise: Männchen sind oberseits leuchtend türkisblau, die Weibchen dagegen grünlich bronzefarben.

Die schwarze Zeichnung auf der Oberseite der Tiere ist allerdings bei Männchen und Weibchen gleich. Ein breiter Streifen zieht sich vom Nasenloch über das Auge bis zum Nacken. Kurz hinter der Schnauze beginnt eine V-förmige Zeichnung aus schmalen, nur

Seitenansicht eines Männchens. Circa 1,5 cm der Schwanzspitze sind regeneriert!
Foto: B. Röll

Dorsalansicht eines Männchens
Foto: B. Röll

Dorsalansicht eines Weibchens
Foto: B. Röll

1–2 Schuppen breiten, scharf gezeichneten Linien, die ebenfalls bis zum Nacken reichen. Seitlich hinter der Mundspalte befinden sich schwarze Flecken und/oder kurze schwarze Streifen. In diesen Flecken oder Streifen liegt die relativ kleine, dunkle Ohröffnung, die in dem schwarzen Muster kaum zu erkennen ist. Das Muster aus etwas größeren Flecken über dem Ansatz der Vorderbeine (auch als Schulterflecken bezeichnet) ist bei jedem Individuum verschieden; es ist schon bei Schlüpflingen vorhanden und ändert sich während des Heranwachsens nicht mehr. Weiterhin tragen die Flanken kleine, schwarze Flecken oder Punkte.

Bei beiden Geschlechtern ist die Unterseite der Vorderbeine sowie der Bauch gelb bis hellorange, während die Unterseite der Hinterbeine und das erste Drittel der Schwanzunterseite orange gefärbt sind. Die Unterseite des restlichen Schwanzes ist graubraun.

Die Kehle der Männchen ist blau oder türkisfarben und weist dunkle oder schwarze, winkelförmige Streifen am Rand und in der Mitte vom Kinn bis zum Hals auf. Bei manchen Tieren fließen die Streifen zusammen und ergeben eine nahezu vollständig schwarze Kehle. Die Kehle der Weibchen ist hell

Kehle eines blauen Männchens (links) und eines Weibchens (rechts) von *L. williamsi*
Fotos: B. Röll

türkisfarben mit einer dunkeltürkisfarbenen, oft symmetrischen Zeichnung aus Linien und Flecken. Die Kehlzeichnung ist sowohl bei Männchen als auch bei Weibchen sehr variabel.

Loveridge beschrieb damals das ihm vorliegende Männchen von *L. williamsi* als „leuchtend türkisblau“. Viele heutige Beschreibungen lauten „himmelblau“ oder auch „electric blue“. Diese verschiedenen Farbeindrücke hängen ganz davon ab, in welchem Winkel das Licht einfällt und von welcher Seite der Beobachter schaut. Der Eindruck „Türkis“ entsteht, wenn die Blickachse des Betrachters in etwa mit der Richtung des Lichteinfalls übereinstimmt. Der Eindruck „Blau“ entsteht, wenn der Winkel zwischen Blickachse und

Männchen von *L. williamsi* unter verschiedener Beleuchtung: eher türkisfarben (frontaler Blitz) ...
Foto: B. Röll

... und eher blau (ohne Blitz, nur bei Terrarienbeleuchtung)
Foto: B. Röll

WUSSTEN SIE SCHON?

Da die Farbe des Türkisblauen Zwergtaggeckos vom Betrachtungs- bzw. Beleuchtungswinkel abhängt, kann es sich nicht um eine Pigmentfarbe handeln. Bei dem Türkisblau von *L. williamsi* handelt es sich um eine Strukturfarbe, die durch Interferenzerscheinungen entsteht. (Die morphologische Grundlage für diesen Interferenzeffekt sind winzige, dünne Plättchen, die sich in speziellen Pigmentzellen befinden und in gleichmäßigen Reihen parallel zur Hautoberfläche angeordnet sind.)

Lichteinfallsachse etwa 90° oder größer ist. Tintenblau wirkt der Gecko, wenn dieser Winkel deutlich größer als 90° ist, das Licht für den Betrachter also mehr oder weniger von vorn, quasi „von hinter dem Gecko" kommt. Bei Aufnahmen mit frontalem Blitz fällt auf, dass der „zentrale" Bereich des Geckos grüner ist als der Rand, wo das Licht streifend einfällt.

Um es noch ein wenig komplizierter zu machen: Es gibt auch grüne Männchen! Und zwar nicht nur junge, noch nicht geschlechtsreife Tiere, sondern geschlechtsreife Männchen, bei denen Präanalporen ausgebildet sind (s. „Schuppenmerkmale") und die auch Fortpflanzungsaktivitäten entfalten. Hierbei handelt es sich nicht um subdominante (unterlegene) Männchen innerhalb einer Gruppe, sondern manche Männchen werden einfach sehr viel später blau als andere männliche Jungtiere.

So kann man sich auch bei ausgewachsenen Tieren bei der Unterscheidung der Geschlechter manchmal nicht allein auf die Färbung verlassen. Sicherer ist es, das Geschlecht anhand der Präkloakalporen zu bestimmen. Und auch hier kann es noch Probleme geben, denn manche Männchen bilden die Poren erst relativ spät aus. Auch auf die Kehlzeichnung als Unterscheidungsmerkmal zwischen Männchen und Weibchen kann man sich nicht verlassen, da die Kehlzeichnung der noch grünen Männchen eher der der Weibchen ähnelt.

ANDERE BLAUE ECHSEN

Bei der Beschreibung von *L. williamsi* stellte schon LOVERIDGE (1952) fest, dass unter den ihm damals bekannten 210 Arten und Unterarten afrikanischer Geckos keine weiteren mit einer so brillanten Färbung vertreten waren, und verglich das leuchtende Türkisblau mit dem von männlichen Agamen, Skinken oder Eidechsen (Lacertiden) Afrikas. Die meisten dieser Echsen sind allerdings nicht komplett, sondern nur teilweise blau, wie z. B. der tagaktive Gecko *Phelsuma cepediana* aus Mauritius. Aber ein kleiner Leguan aus Südamerika kann es mit der leuchtend blauen Färbung von *L. williamsi* aufnehmen: der blaue *Anolis gorgonae* BARBOUR, 1905, der endemisch auf der Insel Gorgona vor der Küste Kolumbiens vorkommt (BARBOUR 1905; BURGESS 2006). Sowohl Männchen als auch Weibchen sind oberseits rein leuchtend blau ohne irgendeine Zeichnung.

Blauer *Anolis gorgonae* auf Isla Gorgona
Foto: M. Jurczyk

Noch (!) grünes, aber geschlechtsreifes Männchen von *L. williamsi*
Foto: B. Röll

Schuppenmerkmale

WIE bei allen squamaten Echsen (Schuppenkriechtiere) bildet die Haut bei *L. williamsi* Schuppen, die recht unterschiedlich aussehen können: einzeln liegende Körnerschuppen (granuläre Schuppen) und dachziegelartige, sich überlappende (imbricate) Schuppen. *Lygodactylus williamsi* weist dorsal (auf der Oberseite) kleine, granuläre Schuppen auf. Die etwas größeren ventralen Schuppen (auf der Bauchseite) sind imbricat. Beide Schuppentypen sind bei *L. williamsi* ungekielt.

WUSSTEN SIE SCHON?

Die äußerste Schicht der Schuppen - das Stratum corneum - besteht wie bei allen squamaten Echsen und Schlangen aus verhornten, abgestorbenen Zellen und wird in regelmäßigen Abständen durch eine Häutung erneuert, auch die äußerste Schicht der Brille. Zwergtaggeckos häuten sich alle 5-6 Wochen, Jungtiere während der Wachstumsphase in kürzeren Intervallen von 3-4 Wochen. Kurz vor einer Häutung ist die Haut nicht mehr so leuchtend gefärbt, sondern bekommt aufgrund des Ablösevorgangs der obersten Schicht einen leicht gräulichen Schimmer. *Lygodactylus williamsi* streift seine alte Hautschicht in großen Stücken ab, dabei reißt die Hornschicht in der Regel zuerst an der Schnauze auf. Bei der Häutung der Beine und besonders der Zehen helfen die Tiere oft aktiv nach, indem sie die Schicht mit der Schnauze abziehen. Die Hautreste werden in der Regel anschließend gefressen.

Kopf

Größere Schuppen werden auch als Schilde bezeichnet. Diese Schilde werden – neben anderen Kennzeichen – als Bestimmungsmerkmale herangezogen. Die wichtigsten und größten Schuppen auf der Kopfoberseite

Porträt eines Männchens von *L. williamsi*
Foto: B. Röll

sind das Rostrale (Schnauzenschild) und die 6–7 Supralabialia (Oberlippenschilde), die zum Mundwinkel hin immer kleiner werden. Das Rostrale grenzt an zwei große Nasalia (Nasenschilde); bei manchen Exemplaren liegt zwischen den zwei großen Nasalia noch ein kleineres drittes sog. Internasale (Zwischennasenschild). Das Nasenloch liegt zwischen dem ersten Supralabiale und einem großen Nasale und hat keinen Kontakt zum Rostrale. Charakteristische Schuppen des Unterkiefers und der Kehle sind die 6–7 Sublabialia (Unterlippenschilde), das Mentale (Kinnschild) und die an das Mentale grenzenden Postmentalia (Hinterkinnschilde). *Lygodactylus williamsi* hat ein großes, ungeteiltes Mentale und meist drei Postmentalia.

Kehle eines Jungtiers
Foto: B. Röll

Zehen

Die zweiten bis fünften Zehen der Vorderfüße haben an der Unterseite paarige Haftschuppen, und zwar bei den Vorderfüßen 5, manchmal 6 und bei den Hinterfüßen meistens 6 Paar Haftschuppen. Diese ermöglichen es *L. williamsi*, sicher und schnell auf glatten Blättern oder auch an Terrarienscheiben zu laufen. Die endständigen Krallen, die zwischen die Haftschuppen zurückgezogen werden können, werden wahrscheinlich eher bei rauen Untergründen eingesetzt.

Unterseite eines Hinterfußes von *L. williamsi*
Foto: B. Röll

WUSSTEN SIE SCHON?

Die Haftschuppen sind mit mikroskopisch kleinen, sich am Ende verzweigenden Haftborsten besetzt. Die Enden der Haftborsten sind spatelförmig verbreitert und werden deshalb auch als Spatulae bezeichnet. Für die Haftung der Zehen sind hauptsächlich van-der-Waals-Kräfte verantwortlich, schwache Adhäsionskräfte zwischen den unzähligen Spatulae und dem Untergrund. Da die Haftborsten abgestorbene, verhornte Bildungen der Haut sind, werden sie bei einer Häutung mit abgestreift. Eine neue Generation von Haftborsten liegt schon vor der Häutung unter der alten Hautschicht vor.

Schwanz

Der gewirtelte Schwanz (pro Wirtel 8–10 Schuppenreihen) weist auf der Oberseite granuläre Schuppen und auf der Unterseite flache, glatte Schuppen auf. Die auf der Unterseite in der Mitte gelegenen Subcaudalia (Schuppen der Schwanzunterseite) sind deutlich quer verbreitert. Das Haftorgan unter der Schwanzspitze besteht aus sieben Paar Haftschuppen, die wie die der Zehen mit Haftborsten besetzt sind.

Oben: Dorsalansicht des gewirtelten Schwanzes von *L. williamsi* Foto: B. Röll

Links: Schwanzunterseite mit quer verbreiterten Subcaudalia und Haftorgan unter der Schwanzspitze Foto: B. Röll

WUSSTEN SIE SCHON?

Das Haftorgan an der Schwanzspitze (caudales Haftorgan) wurde 1899 von TORNIER bei *Lygodactylus picturatus* entdeckt. Es dient wohl vor allem als zusätzliche Rutschsicherung beim Abwärtslaufen sowie bei Sprüngen auf glatten Flächen wie Blättern oder unstrukturierter Baumrinde. In der bevorzugten Lauerstellung der Geckos mit abwärts gerichtetem Kopf wird das Haftorgan fast immer an die Unterlage gepresst. Bei Verlust des Schwanzes wird das Haftorgan zwar nur unvollkommen, aber funktionsfähig regeneriert. Die regenerierte Schwanzspitze ist nicht abgeflacht, sondern meist rundlich und trägt an der Unterseite unregelmäßig und nicht paarig angeordnete Schuppen mit Haftborsten.

Kloakalbereich

Geschlechtsreife Männchen haben 6–7 Präkloakalporen in einer winkeligen Reihe (wie ein umgedrehtes, breites V) aus leicht vergrößerten Schuppen oberhalb des Kloakalspaltes. Die Poren sind Ausgänge von Drüsen, die in der Haut liegen und ein wachsartiges Sekret bilden, das nach außen abgeben wird und dessen Duftstoffe wohl hauptsächlich als Signale für Artgenossen dienen. Das

Sekret ist bei *L. williamsi* weißlich oder cremefarben und ist damit in den hellen Schuppen nicht leicht zu erkennen. Bei jungen Männchen sind die Poren besonders klein und enthalten nur wenig Sekretmaterial. So sollte man zur Untersuchung der Poren auf jeden Fall eine Lupe verwenden. Die Reihe aus leicht vergrößerten, hellen Schuppen findet man auch bei den Weibchen, jedoch haben diese keine Poren, höchstens leichte Vertiefungen.

Männchen weisen zudem ein sog. Pseudo-Escutcheon (ähnlich wie das Escutcheon oder die „Wappenschilde" der Kugelfingergeckos) auf: Das sind helle, etwas glänzende Schuppen, die unter der Epidermis (obere Schicht der Haut) je eine kleine Drüse ausbil-

WUSSTEN SIE SCHON?

Bei allen squamaten Echsen und damit auch bei *L. williamsi* münden der Enddarm sowie die ableitenden Gänge der Nieren und Gonaden (Keimdrüsen: Ovar und Hoden) in eine gemeinsame Kammer, die als Kloake bezeichnet wird. Demgemäß spricht man auch von dem äußerlich sichtbaren Kloakalspalt und nicht von einem Anus oder Analspalt (Ausgang nur des Enddarms). Und so werden die Poren, die ja vor dem Kloakalspalt liegen, auch – korrekt – als Präkloakalporen bezeichnet. In älterer Literatur findet man allerdings noch oft die Bezeichnung „Präanalporen".

Sogenanntes Pseudo-Escutcheon eines Männchens Foto: B. Röll

Kloakalbereich eines älteren Männchens von *L. williamsi*. Die Striche zeigen auf Poren mit Sekretmaterial. Foto: B. Röll

Kloakalbereich eines Weibchens von *L. williamsi* Foto: B. Röll

Kloakalbereich eines jungen, noch nicht blauen Männchens Foto: B. Röll

den. Diese modifizierten Schuppen sind bei *L. williamsi* sowohl oberhalb als auch unterhalb der Schuppenreihe mit den Präkloakalporen zu finden und zusätzlich – besonders bei älteren Männchen – auf den Innenseiten der Ober- und Unterschenkel.

Wenn man Schwierigkeiten hat, bei ausgewachsenen, grünlichen Tieren die Präkloakalporen zu finden, so kann man das Geschlecht oftmals auch anhand des Vorhandenseins der Schuppen des Pseudo-Escutcheons um die Reihe aus größeren Schuppen herum, die normalerweise die Poren enthalten, identifizieren. Dieser Teil des Pseudo-Escutcheons wird nämlich oftmals noch vor den Poren ausgebildet. Den Weibchen fehlen die modifizierten Schuppen des Pseudo-Escutcheons völlig.

Verwandtschaft

DIE oben beschriebenen Schuppenmerkmale weisen – zumindest teilweise – alle Mitglieder der *picturatus*-Gruppe der Gattung *Lygodactylus* auf. Die meisten Übereinstimmungen bestehen zwischen *L. williamsi* und *L. picturatus*, weshalb LOVERIDGE (1952) *L. williamsi* auch zunächst als Unterart von *L. picturatus* beschrieben hatte. Man könnte vermuten, dass diese beiden Arten sehr nahe verwandt sind, zumal nur sie innerhalb der Gattung einen auffälligen Geschlechtsdichromatismus aufweisen. Genetische Analysen von vier verschiedenen Genen erbrachten jedoch ein anderes Ergebnis: Der nächste Verwandte von *L. williamsi* ist nicht *L. pictu-*

Lygodactylus chobiensis an den Victoria-Fällen, Simbabwe Foto: B. Röll

ratus, sondern *L. chobiensis* (RÖLL et al. 2010). *Lygodactylus chobiensis* kommt im Bereich des Okavango-Beckens und entlang des Zambezi-Tals von Namibia, Botswana, Simbabwe und Sambia bis nach Mosambik vor und ist damit die am weitesten südlich vorkommende Art der *picturatus*-Gruppe (BRANCH 1998; RÖLL 1999). Bei dieser Art sind Männchen und Weibchen mit Ausnahme der Kehle gleich gefärbt.

Lygodactylus williamsi und *L. chobiensis* haben eine bestimmte Verhaltensweise gemeinsam, und zwar ein besonderes Begrüßungsverhalten zwischen Männchen und Weibchen (s. „Verhalten im Terrarium").

Verbreitung in Tansania

LYGO*dactylus williamsi* kommt in Tansania im Kimboza und Ruvu Forest Reserve (Waldreservat) im Südosten der Uluguru Mountains vor. Diese Berge liegen ca. 180 km vom Indischen Ozean entfernt und gehören zu den Eastern Arc Mountains, die sich vom Süden Kenias bis zum Süden Tansanias erstrecken. Die höchste

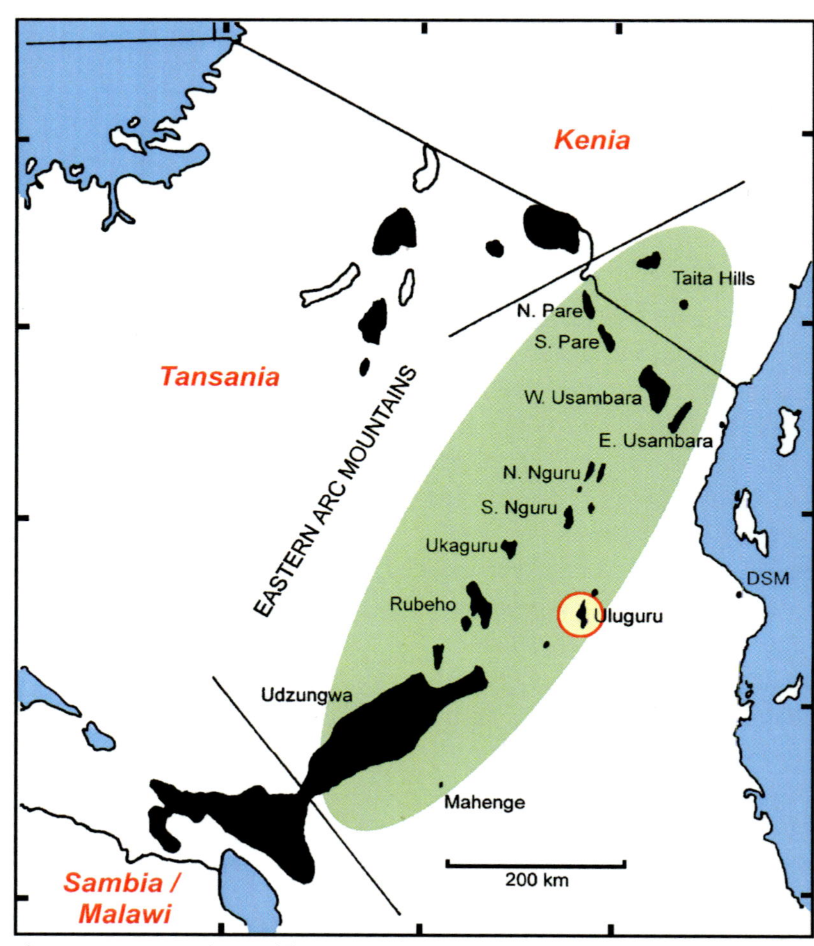

Die Eastern Arc Mountains Ostafrikas erstrecken sich von den Taita Hills in Kenia bis zum nördlichen Teil der Udzungwa Mountains (grün hinterlegt). DSM: Dar es Salaam (verändert nach Burgess et al. 2002)

Erhebung mit 2.660 m liegt in den Uluguru-Bergen, deren Wälder als Wassereinzugsgebiete der Trinkwasserversorgung Tansanias dienen (BURGESS et al. 2002; DOGGART et al. 2004a).

Der Kimboza-Wald hat eine Ausdehnung von knapp 400 ha und bedeckt ein Karstgebiet auf einer Höhe zwischen 300 und 400 m über dem Meeresspiegel (DOGGART et al. 2004b). Es ist ein Tieflandregenwald mit Niederschlägen von ungefähr 1.700 mm pro Jahr. Es gibt zwei Regenzeiten: eine lange zwischen Februar und Mai und eine kurze zwischen Oktober und Dezember. Trockenzeit herrscht von Juni bis August. Die Temperatur erreicht im Dezember ein Maximum von 28 °C und im Juli ein Minimum von 23 °C.

Der Kimboza Forest ist das bekannteste Verbreitungsgebiet von *L. williamsi*. Weniger bekannt ist sein Vorkommen im benachbarten Waldgebiet, dem Ruvu Forest, der dem Kimboza Forest sehr ähnlich ist. Er bedeckt ein Plateau beiderseits der Schlucht des Ruvu-Flusses, liegt zwischen 200 und 480 m über dem Meeresspiegel und umfasst über 3.000 ha (DOGGART et al. 2004b). Zwei weitere, erst etwas später beschriebene, anscheinend winzige Verbreitungsgebiete liegen nördlich vom Kimboza Forest (WEINSHEIMER & FLECKS 2010).

Blick auf den Kimboza Forest
Foto: R. Zobel

Lebensweise

DIE Lebensweise von *L. williamsi* wurde erstmals von LAMBERT (1985) beschrieben: Er fand den Gecko im Kimboza Forest Reserve (Kimboza Waldreservat) auf stark bedornten Blättern von *Pandanus*-Bäumen (*Pandanus rabaiensis*). *Pandanus*-Arten werden auch als Schraubenbäume oder – wegen ihrer Ähnlichkeit mit Palmen – als Schraubenpalmen bezeichnet. Es sind immergrüne, recht anspruchslose Bäume, die einen unverwechselbaren Aufbau zeigen: Bei den meisten Arten entspringen am Stamm kräftige Stelzwurzeln, und viele Arten besitzen schraubig angeordnete Blätter, deren Ränder dornig gesägt sind.

Pandanus rabaiensis **im Kimboza Forest Reserve**
Foto: R. Zobel

23 Jahre später – nämlich 2008 – konnten die Teilnehmer der Exo-Terra-Expedition unter der Leitung von Emanuel van Heygen diese Beobachtung bestätigen. Auch das Exo-Terra-Team fand die Tiere auf *Pandanus*-Bäumen, die aber nicht überall, sondern nur an bestimmten Stellen im Kimboza Forest wachsen (R. ZOBEL, pers. Mittlg.). Wie viele andere tagaktive Geckos ist *L. williamsi* am Vormittag aktiv, versteckt sich während der Mittagshitze – wahrscheinlich in den Blattbasen –, um erst nachmittags wieder zum Vorschein zu kommen.

WUSSTEN SIE SCHON?

Trypanosomen sind vor allem in den tropischen und subtropischen Regionen der Alten und Neuen Welt verbreitet. Sie sind Einzeller, befallen Wirbeltiere und Wirbellose und kommen bei Wirbeltieren hauptsächlich extracellulär (außerhalb von Zellen) in Körperflüssigkeiten wie z. B. Blut vor. Sie werden durch blutsaugende Insekten, meistens Fliegen, übertragen. Die Art *Trypanosoma brucei* verursacht beim Menschen die Schlafkrankheit und wird von der Tsetse-Fliege übertragen.

Wie bei den meisten *Lygodactylus*-Arten sind auch die Männchen von *L. williamsi* territorial. In einem Territorium – das hier einem *Pandanus*-Baum entspricht – leben ein Männchen, ein bis drei Weibchen und einige wenige Jungtiere. Auf den langen, glatten, am Rand mit Dornen bewehrten und daher Schutz bietenden Blättern spielt sich offenbar ein Großteil des aktiven Lebens von *L. williamsi* ab.

Weitere in den Uluguru Mountains lebende Zwergtaggecko-Arten sind *L. picturatus* (als *L. „luteopicturatus“* bezeichnet, vergl. Röll 2004a), *L. conradti* und *L. uluguruensis* (Spawls et al. 2002; Doggart et al. 2004a). Auf den Palmen direkt am Rand des Kimboza Forest wurde von der Exo-Terra-Expedition 2008 *L. grotei* gefunden.

Auf den langen, dornenbewehrten *Pandanus*-Blättern scheint *L. williamsi* vor Beutegreifern wie Vögeln relativ sicher zu sein. Vermutlich sind hauptsächlich Schlangen wie z. B. die in Tansania weit verbreitete Natter *Philothamnus semi-variegatus* natürliche Feinde von Zwergtaggeckos. Loveridge (1947) fand elf Exemplare von *L. grotei* in Mägen dieser Schlangenart.

Auch vor Parasiten sind die Geckos nicht gefeit. Auf seiner Suche nach Malaria-Erregern bei Echsen des Kimboza Forest fand Telford (1995) in den Blutproben von *L. williamsi* einzellige Parasiten aus der Gattung *Trypanosoma*, und zwar *T. uluguruensis*. Diese Art kommt auch noch bei anderen Geckos der Uluguru-Berge vor, und zwar bei *Hemidactylus platycephalus* sowie bei *L. picturatus* und *L. grotei*.

Männchen von *L. williamsi* auf einem *Pandanus*-Blatt mit den typisch sägezahnähnlich bewehrten Rändern Foto: R. Zobel

Weibchen von *L. williamsi* auf *Pandanus*-Blättern
Foto: R. Zobel

Haltung

UM Geckos erfolgreich über Jahre halten und vermehren zu können, sollte man einige wichtige Punkte berücksichtigen, die die Auswahl gesunder Tiere, den Transport, die Größe und die Einrichtung des Terrariums, die Beleuchtung und die richtige Ver-

Schutzmaßnahmen, Kennzeichnungspflicht und

Schutzstatus

LYGO*dactylus williamsi* hat nur ein begrenztes Verbreitungsgebiet, das seit Jahren durch illegale Abholzung, Brandrodung und den Abbau von Dolomitmarmor stark bedroht ist (BURGESS 2002; DOGGART et al. 2004a, b). Weiterhin breitet sich die aus dem tropischen Amerika stammende, schnell wachsende Baumart *Cedrela odorata* (Westindische Cedrele) immer weiter aus und verdrängt den Schraubenbaum *Pandanus rabaiensis*. Das Kimboza Forest Reserve ist schon relativ alt, aber es dient – wie die Bezeichnung schon ganz richtig sagt – dem Schutz des Waldes als Wassereinzugsgebiet für die lokalen Flüsse, die u. a. Dar es Salaam, die größte Stadt Tansanias, mit Trinkwasser versorgen. Daher wird *L. williamsi* zwar in vielen amtlichen Schriftstücken erwähnt, aber nicht explizit geschützt.

Seit mindestens 2006 wurde *L. williamsi* in größerer Anzahl aus seinem Herkunftsland Tansania exportiert (WEINSHEIMER & FLECKS 2010; FLECKS et al. 2012). Aufgrund seines geografisch sehr begrenzten Verbreitungsgebiets und der hohen Zahl dort entnommener Exemplare wurden Artenschutzmaßnahmen für das Überleben dieser Art notwendig.

Im Februar 2012 wurde die Art auf die Rote Liste der IUCN (International Union for Conservation of Nature and Natural Resources) mit den oben genannten Begründungen als „critically endangered" (vom Aussterben bedroht) aufgenommen. Ab dem 20. Dezember 2014 wurde *L. williamsi* in der Europäischen Artenschutzverordnung (Verordnung (EG) Nr. 338/97) in Anhang B gelistet (Verordnung EU Nr. 1320/2014). Seitdem konnte die Art nur noch mit einer Importgenehmigung in die EU gelangen.

sorgung betreffen. Im Folgenden werden die Anforderungen an die Haltung von *L. williamsi* beschrieben. Die wichtigsten Punkte sind hierbei nicht unbedingt ein riesiges Terrarium, sondern eine gute Strukturierung des Behälters, gutes Futter und: saubere Terrarien!

erschutz

Für den Halter ergaben sich damit rechtliche Konsequenzen: *Lygodactylus williamsi* unterlag nun der Meldepflicht bei den zuständigen Unteren Naturschutzbehörden. Auch vorhandener „Altbestand" musste gemeldet werden, damit der legale Vorerwerb nachgewiesen werden konnte. Bei der Weitergabe von Tieren musste ein Herkunftsnachweis vorgelegt werden; diesen benötigte man auch bei der Anmeldung neu erworbener Tiere.
Auf der 17. CITES-Vertragsstaatenkonferenz in Johannesburg, Südafrika, im Oktober 2016 wurde beschlossen, *L. williamsi* in Anhang I des Washingtoner Artenschutzabkommens aufzunehmen. Mit der Umsetzung dieses Beschlusses in EU-Recht wird die Art mit dem Inkrafttreten der EU-Verordnung 2017/160 am 4. Februar 2017 in Anhang A der Europäischen Artenschutzverordnung geführt. Seitdem muss jeder Halter für seinen Tierbestand EU-Bescheinigungen bei den zuständigen Naturschutzbehörden beantragen.

Kennzeichnungspflicht

Mit der Aufnahme in Anhang I der CITES-Verordnung bzw. in Anhang A der EU-Verordnung besteht prinzipiell auch eine Kennzeichnungspflicht, die eine eindeutige Identifikation jedes Tieres ermöglicht. Im Fall des Türkisblauen Zwergtaggeckos gibt es dafür eine einfache Methode. Beide Geschlechter haben eine homogene Grundfärbung auf der Körperoberseite: Männchen sind türkisblau und Weibchen grünlich bronzefarben. Und sie besitzen eine auffällige schwarze Zeichnung, die auch schon bei Jungtieren vorhanden ist. Die schwarze Zeichnung kann man in mehrere Elemente unterteilen. Von diesen sind die Schulterflecken, die aus verschieden großen Flecken über dem Ansatz der Vorderbeine bestehen, am auffälligsten und dazu sehr variabel; sie sind individuell verschieden und in der Regel auf den beiden Körperseiten eines Tieres ungleich. Ein weiterer wichtiger Faktor: Sie ändern sich während des Heranwachsens eines Jungtieres nicht mehr, sondern bleiben lebenslang erhalten. Das gilt ebenso für die anderen schwarzen Zeichnungselemente und für ein weiteres Merkmal, nämlich das auffällige Kehlmuster der Tiere. Das sind also mehrere Kennzeichen, die sich für eine individuelle Identifikation und damit für eine Fotodokumentation eignen. In einem Gutachten für das Bundesamt für Naturschutz (BfN) wurden all diese Merkmale ausführlich dargestellt (RÖLL 2017).

Wenn man nun als Halter oder Züchter Türkisblaue Zwergtaggeckos abgeben möchte, die älter als sechs Monate sind, muss man bei der zuständigen Behörde einen Antrag auf Erteilung einer Vermarktungsgenehmigung stellen und diesem hochauflösende Fotos von beiden Körperseiten der Tiere beifügen (BfN 2017). Wichtig ist hierbei die Region zwischen Kopf und Vorderbeinen, denn genau hier liegen die Schulterflecken, anhand derer es möglich ist, Individuen von *L. williamsi* zu identifizieren. Jedes Individuum bekommt also so etwas wie ein Passfoto. Das Erstellen der Fotos kann eine Herausforderung für den Züchter sein, ist aber durchaus zu schaffen. Eine ausführliche Darstellung der gesamten Fotodokumentation liegt vor (RÖLL 2018). Geckos, die jünger als sechs Monate sind, kann man ohne begleitende Fotos abgeben. In diesem Fall wird allerdings nur eine einmalige Vermarktung erlaubt (BfN 2017).

Erwerb, Transport und Quarantäne

NACHzuchten von *L. williamsi* werden im Zoofachhandel und von privaten Züchtern angeboten. Auf Treffen von Terrarianern und Herpetologen, wie z. B. der Geckotagung, hat man die Chance, Züchter persönlich kennenzulernen und Informationen zur Verfügbarkeit von Nachzuchttieren zu bekommen. Ein direkter Kontakt bietet natürlich auch den Vorteil, möglichst viele Informationen über die Tiere zu erhalten.

Tierschutz

Zusätzlich zum Artenschutzrecht unterliegt *Lygodactylus williamsi* wie alle Wirbeltiere in Deutschland dem Tierschutzrecht. Das Tierschutzgesetz verlangt, dass der Halter eines Tieres „über die für eine angemessene Ernährung, Pflege und verhaltensgerechte Unterbringung des Tieres erforderlichen Kenntnisse und Fähigkeiten verfügen" muss. Dies kann man mit dem „Sachkundenachweis" belegen, der für den Privathalter – noch – nicht verbindlich vorgeschrieben ist. Der Sachkundenachweis orientiert sich an den für die Tierhaltung zuständigen Rechtsvorschriften (Tierschutzgesetz, Artenschutz). Wer ihn erlangen möchte, kann sich bei der Deutschen Gesellschaft für Herpetologie und Terrarienkunde (DGHT e.V.) oder bei der Vivaristischen Vereinigung (ViVe e.V.) für die entsprechenden Schulungen und Prüfungen anmelden.

Unter welchen Mindestbedingungen Reptilien gehalten werden sollen, hat das damalige Bundesministerium für Verbraucherschutz, Ernährung und Landwirtschaft in einem „Gutachten über Mindestanforderungen an die Haltung von Reptilien" vom 10. Januar 1997 festgelegt. Die Vorgaben dieses Gutachtens sind insoweit verbindlich, als sie nicht unterschritten werden dürfen. Bei eventuellen Rechtsstreitigkeiten werden sich daher auch die Gerichte daran orientieren. Die einzelnen Bundesländer können aber auch schärfere Maßstäbe anlegen. Wer sich an die in diesem Buch vorgeschlagenen Größen, Einrichtungen und Besatzzahlen seiner Terrarien hält, dürfte mit Behörden keine Schwierigkeiten bekommen.

Nachzuchttiere sind in der Regel in gutem Zustand. Trotzdem sollte man auf folgende Kennzeichen achten, die auf ein Exemplar in schlechter Verfassung hinweisen, von dessen Erwerb man Abstand nehmen sollte: ein dünner, vielleicht noch mit Knicken versehener Schwanz; wenig Muskulatur an den Beinen; Wirbel und Beckenknochen, die sich durch die Haut bohren; Häutungsreste, besonders an den Zehen, an den Augen und am Ohrloch; apathisches Verhalten.

Geckos und auch alle anderen Reptilien müssen bei Transporten sowohl vor Kälte als auch vor großer Hitze geschützt werden. Zum Transport kann *L. williamsi* aufgrund seiner geringen Größe in sog. Grillen- oder Heimchendosen mit etwas Küchenpapier gesetzt werden. Diese Dosen lassen sich gut in einer Styroporkiste (auch Picknick-Taschen mit Styroporwänden) stapeln. Bei kalter Witterung kann man im Fachhandel erhältliche Wärmekissen oder einfach eine mit warmem Wasser gefüllte Wärmflasche mit in die Styroporkiste geben. Bei sehr warmer Witterung lässt sich in der gleichen Weise kaltes Wasser zur Kühlung verwenden. Die Temperatur in der Transporttasche sollte nicht unter 20 °C und nicht über 28 °C liegen.

WUSSTEN SIE SCHON?

Lygodactylus williamsi ist wie die meisten Reptilien ein ektothermes Tier und bezieht seine Körperwärme vor allem aus der Umgebung (ektos gr.: außen, thermos gr.: warm). Reptilien können also nicht wie Säugetiere oder Vögel ihre Körpertemperatur unabhängig von der Umgebungstemperatur durch eine körpereigene Wärmebildung konstant halten. Ektothermie bedeutet aber nicht, dass die Körpertemperatur einfach mit der Außentemperatur schwankt. Ektotherme landlebende Tiere erreichen ihre bevorzugte Aktivitätstemperatur vielmehr durch thermoregulatorisches Verhalten: Zur Erhöhung ihrer Körpertemperatur suchen sie z. B. sonnenerwärmte Plätze auf, zur Verringerung ihrer Körpertemperatur begeben sie sich an schattige, kühlere Plätze. Dadurch ist auch *L. williamsi* in der Lage, während der Aktivitätszeit die Körpertemperatur auf einen ziemlich konstanten Wert einzuregulieren. Ein leicht ausgekühlter *L. williamsi* schmiegt sich zur Aufnahme von Wärme z. B. eng an eine warme Hand an.

Bei der Übernahme von Nachzuchttieren ist das Risiko, mit Parasiten belastete Tiere zu bekommen, vergleichsweise gering. Aber trotzdem besteht ein Restrisiko möglicher Infektionen mit Parasiten von anderen, in der gleichen Terrarienanlage gehaltenen Reptilien. Daher ist es angebracht, neu erworbene Geckos aus Sicherheitsgründen zunächst in Quarantäne zu halten. Dabei können Tiere, die man als Gruppe erworben hat, gemeinsam in einem Behälter untergebracht werden.

Ein Quarantäne-Terrarium soll sich leicht reinigen und desinfizieren lassen. Nach der Einwirkzeit muss das Desinfektionsmittel durch ausgiebiges Spülen mit heißem Wasser restlos entfernt werden, da Desinfektionsmittel eine toxische (giftige) Wirkung auf Reptilien haben können. Ein solches Terrarium wird zweckmäßig und übersichtlich – also z. B. nur mit wenigen Ästen, Korkeichenröhren und eventuell Steinen – eingerichtet. Aber auch im Quarantäne-Becken sollte jedes Tier ein Versteck für sich finden können. Der Bodengrund kann aus Küchenpapier oder auch aus sauberem Sand bestehen; beide Materialien lassen sich leicht austauschen. Wärmequellen und Beleuchtung entsprechen denen normaler Terrarien. Am ersten Tag werden die Tiere am besten mit leicht verdaulichen Futtertieren wie z. B. *Drosophila*-Fliegen und Sprühwasser versorgt. Dann werden die Insassen eines Quarantäne-Beckens in der gleichen Weise mit Futterinsekten und Wasser versorgt wie etablierte Pfleglinge. Nur wenn die Tiere sichtbar abgemagert oder träge sind, werden sie in der ersten Zeit häufiger – z. B. jeden Tag – mit Wasser, das mit Vitaminen und Mineralstoffen angereichert wird, und mit Futtertieren, die ihrerseits gut ernährt wurden, versorgt.

Wenn man „auf Nummer sicher" gehen will, kann man während der Quarantänezeit Kotproben (Achtung: nur den bräunlichen Kot ohne die weiße, aus Harnsäure bestehende Kappe!) an einen Tierarzt oder eine geeignete Untersuchungsstelle senden. Zeigen die Tiere nach einer Quarantänezeit von 2–3 Wochen keinerlei Krankheitsanzeichen, können sie ihr endgültiges Terrarium beziehen.

Utensilien für den Transport von *L. williamsi*: Styroporkiste, Heimchendose mit Papier, Plastikgefäß für warmes oder kaltes Wasser, je nach Witterung Foto: B. Röll

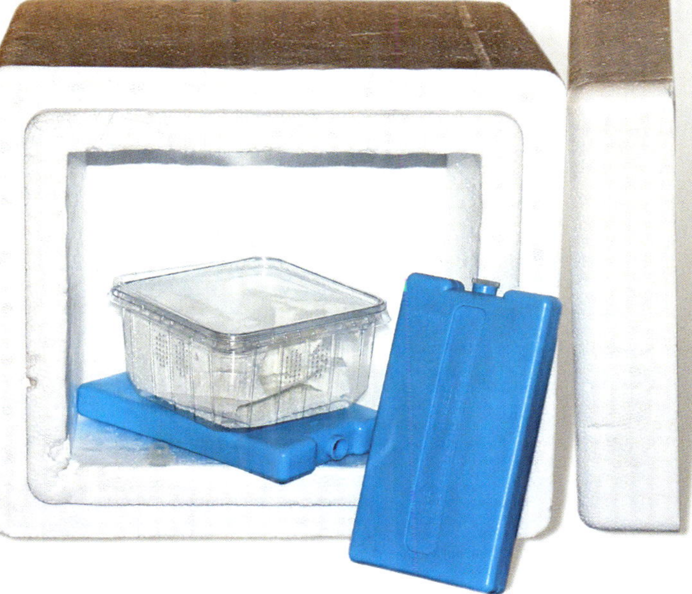

Größe des Terrariums, Tierbesatz und Einrichtung

DIE Mindestgröße der Terrarien sollte dem „Gutachten über Mindestanforderungen an die Haltung von Reptilien“ entsprechen. Dort ist für die Rubrik „tagaktive Arten (*Phelsuma, Lygodactylus, Gonatodes*) als Baum-, Busch- und Pflanzenbewohner“ ein Mindestmaß von 6 x 6 x 8 (Breite x Tiefe x Höhe) angegeben. Diese Angaben müssen jeweils mit der Kopf-Rumpf-Länge der Tiere in cm multipliziert werden. Sie gelten für ein Männchen und ein Weibchen; für jeden weiteren Gecko werden 15 % der Grundfläche für zwei Tiere addiert. Diese Angaben sind als Mindestangaben zu verstehen; selbstverständlich können die Terrarien auch größer sein!

DER PRAXISTIPP

Für die Berechnung der Mindestgröße wird hier die maximale Kopf-Rumpf-Länge von *L. williamsi* mit 4,2 cm zugrunde gelegt. Nach den Richtlinien ergibt sich dann für die Haltung von zwei Geckos eine Terrariengröße von - aufgerundet - mindestens 26 x 26 x 34 cm.

Die Männchen von *L. williamsi* bilden Reviere aus, sind also territorial und damit untereinander unverträglich. Da auch die Weibchen sich oftmals nicht vertragen, hält man *L. williamsi* am besten paarweise. Nur in größeren Becken kann man versuchen, ein Männ-

Platzsparend arrangierte Terrarien mit den Maßen 30 x 30 x 40 cm bzw. 25 x 30 x 40 cm. In den größeren Terrarien lebt jeweils ein Paar von *L. williamsi*. Foto: B. Röll

chen mit zwei Weibchen zu halten, was aber meiner Erfahrung nach oft nicht gelingt.

Die Terrarien sollten mit mindestens zwei Lüftungsflächen aus feinmaschiger Drahtgaze ausgestattet sein. Eine gute Durchlüftung ist bei nebeneinanderstehenden Terrarien gewährleistet, wenn sich z. B. eine große Lüftungsfläche an der hinteren oder vorderen Seite und eine zweite Lüftungsfläche mittig auf der Oberseite befinden. Bei frei stehenden Terrarien können auch beide Seitenflächen und die Oberseite aus Gaze bestehen. Die Türen des Terrariums – am besten Schwingtüren an der Vorderseite – müssen möglichst dicht schließen, um ein Entweichen kleiner Futtertiere zu vermeiden. Einem Entweichen der Geckos beim Öffnen der Tür kann man durch das Anbringen einer schmalen Glas-Querleiste oben an der Vorderseite des Terrariums zuvorkommen.

Die Einrichtung der Terrarien soll der Lebensweise der Bewohner angepasst sein. Nun muss man aber nicht versuchen, *Pandanus*-Pflanzen (einige Arten dieser Gattung gibt es im Pflanzenhandel) ins Terrarium zu setzen, sondern die Grundausstattung kann durchaus der für andere baumbewohnende *Lygodactylus*-Arten ent-

Terrarium mit den Maßen 50 x 50 x 75 cm für ein Männchen und ein oder zwei Weibchen von *L. williamsi* Foto: B. Röll

sprechen. Die Grundausstattung besteht aus dem Bodengrund und diversen Ästen. Als Bodengrund eignet sich eine 2–3 cm tiefe Schicht aus Sand oder aus Sand-Blumenerde-Gemisch (Verhältnis 1:1). Auf dem Boden kann man ein oder zwei größere Steine verteilen, die bei Verwendung einer Bodenheizung auch vom baumbewohnenden *L. williamsi* gelegentlich zum Aufwärmen oder einfach als weitere Sitzgelegenheit genutzt werden. Senkrecht und etwas schräg gestellte dickere Äste, mehrere Bambusstangen und/oder senkrecht gestellte, hohle Korkeichenrinde dienen als Sitz-, Kletter- und Versteckmöglichkeiten. Das obere Ende der Äste und ein quer in das Terrarium eingebrachter Ast oder Bambusstab dienen als Sonnenplätze. Bei Nutzung eines Wärmespots (s. „Beleuchtung") stellt man einen Ast oder eine Korkeichenrinde schräg unter den Lichtstrahl, sodass die Tiere ihren bevorzugten Wärmebereich auswählen können.

DER PRAXISTIPP

Zur Befestigung von „quer hängenden" Bambusstangen kann man Halterungen für Duschstangen oder Schrankrohre verwenden. Wenn man diese Halterungen z. B. mit „Powerstrips" von Tesa anbringt, kann man sie auch wieder problem- und rückstandslos entfernen.

Pflanzen, die schattige Stellen sowie weitere Deckungsmöglichkeiten schaffen, setzt man am besten in einem Blumentopf mit ständig feucht gehaltener Blumenerde in das Terrarium. Man kann z. B. verschiedene *Dracaena*-Arten (Drachenbäume) als aufrecht wachsende Pflanze verwenden und dazu Arten von *Epipremnum* (Efeutute) und/oder Philodendron als Rankpflanzen. Allerdings sollten die Blätter fest genug sein, um ein Exemplar von *L. williamsi* zu

Vergesellschaftung mit anderen Reptilien

VON einer Vergesellschaftung mit anderen Reptilien ist generell aus folgenden Gründen abzuraten: 1.) Unterschiedliche Aktivitätszeiten der Tiere sowie Konkurrenz um Futter und Eiablage-

Beheizung

ZUR Beheizung eignen sich Heizmatten (z. B. Thermolux), die direkt unter den Terrarien liegen. Es gibt auch (kostengünstigere) Heizmatten, die unter das Terrarium geklebt werden; diese lassen sich jedoch bei Umorganisation der Terrarienanlage nur schlecht oder gar nicht wieder entfernen. Dafür aber lassen sie sich auch auf Seitenwände kleben, was für Terrarien, deren Wände

tragen. *Lygodactylus williamsi* klebt seinen Kot, wie viele andere Geckos auch, an Äste, Blätter, Terrarienscheiben und manchmal auch auf die Steine im Bodengrund. Den einigermaßen leicht erreichbaren Kot sollte man mindestens ein Mal pro Woche sowohl aus dem Bodengrund als auch von den Ästen, Pflanzen oder Steinen entfernen. In größeren Zeitabständen (z. B. ein bis zwei Mal im Jahr) werden das gesamte Terrarium sowie alle Einrichtungsgegenstände – nach Herausfangen der Bewohner – gesäubert (z. B. heiß abgewaschen); der Bodengrund kann vollständig erneuert werden. Auch ein noch so großes Terrarium stellt nur einen kleinen Lebensraum dar, weshalb man unbedingt auf hygienische Verhältnisse achten muss.

EINFANGEN DER TERRARIENBEWOHNER

Lygodactylus williamsi zu fangen ist nicht einfach! Am besten lassen sich die Tiere morgens aus ihrem Terrarium entnehmen, wenn die Beheizung noch nicht eingeschaltet ist und die Tiere noch nicht ihre volle Aktivität erreicht haben. Am einfachsten ist es, die Tiere mit langsamen, ruhigen Bewegungen einzeln in Heimchendosen zu bugsieren. Man kann die Geckos auch mit der Hand fangen, sollte sie dann aber möglichst nicht am Schwanz berühren, um einem Verlust desselben vorzubeugen. Wenn man dann noch ein bisschen Papier in die Heimchendose gibt, kann man die Geckos darin an einem ruhigen Platz belassen und die Reinigungsarbeiten durchführen.

plätze führen vermehrt zu Stresssituationen; 2.) Ein hoher Tierbesatz – auch in einem entsprechend größeren Terrarium – erschwert den Überblick über den Gesundheitszustand aller Terrarieninsassen.

z. B. mit Zierkork verkleidet sind, von Vorteil ist. Die Wattzahl der Heizmatten hängt von deren Größe ab.

Bei Terrarien mit einer Tiefe von 30 cm eignen sich Heizmatten der Größe 50 x 30 cm (30 Watt) bzw. 70 x 30 cm (35 Watt). Es können mehrere Terrarien auf einer Heizmatte stehen, und es muss auch nicht unbedingt die gesamte Grundfläche des Terrariums auf

der Heizmatte stehen, zwei Drittel der Grundfläche reichen auch.

Die Heizdauer der Matten wird über Zeitschaltuhren so eingestellt, dass sich der Bodengrund und die niedrigen Steine tagsüber zwischen 13.00 und 15.00 Uhr auf bis ca. 30–34 °C aufheizen. Die Lufttemperatur ist dann je nach Höhe der Terrarien niedriger und sollte zwischen 26 und 28 °C liegen.

Als zusätzliche lokale Wärmequellen kann man Wärmespots oder Wärmestrahler einsetzen, wofür sich Reflektorbirnen oder auch Halogenstrahler mit 25 oder 35 Watt – je nach Terrarienhöhe – eignen. Am besten richtet man den außerhalb des Terrariums angebrachten Wärmestrahler von oben auf einen schräg stehenden Ast aus. Er wird vormittags und noch einmal während der Mittags- oder frühen Nachmittagszeit für etwa 60 Minuten zugeschaltet. So wird lokal und zeitweise eine Temperatur von ca. 30 °C erreicht.

Durch die verschiedenen Heizsysteme entstehen im Terrarium Standorte mit unterschiedlichen Temperaturen, sodass die Tiere Stellen mit ihrer jeweiligen Vor-

Beleuchtung

ALS Waldbewohner sollte *L. williamsi* nicht so hohe Ansprüche an die Beleuchtung wie z. B. savannenbewohnende *Lygodactylus*-Arten stellen. Man kann ihnen jedoch ohne Weiteres eine ähnliche Beleuchtung angedeihen lassen. Die Tiere kommen aus tropischen Regionen, wo Tag- und Nachtlänge in etwa gleich sind. Daher werden die Terrarien entweder täglich zwölf oder im Winter 11–12 und im Sommer 12–13 Stunden mit Leuchtstofflampen beleuchtet, deren Spektrum weitgehend dem des Sonnenlichts gleicht.

Am besten verwendet man zwei verschiedene Leuchtstofflampen, eine mit hoher Lichtleistung (z. B. T8-Röhren mit 2 % UV-B-Strahlung oder „Daylight“ oder „Natural Sunlight“) und eine mit hoher UV-Leistung (5 %, 8 % oder 10 % UV-B-Strahlung). Da der Lichtstrom und damit die Beleuchtungsstärke von Leuchtstofflampen im Laufe der Benutzungszeit abfallen, sollte man sie regelmäßig auswechseln. Für UV-Lampen wird ein Austausch nach bereits ca. 1.000 Brennstunden empfohlen. Bei Verwendung von T5-Röhren setzt man ebenfalls eine mit Tageslicht-

zugstemperatur aufsuchen können. Ab dem Nachmittag wird die Temperatur durch Ausschalten der Heizmatten allmählich abgesenkt; nachts sinkt dann die Temperatur auf Zimmertemperatur ab. Um kühleres Wetter zu imitieren, kann man die Heizmatten und/oder den Wärmestrahler tageweise nur kurz, z. B. für eine Stunde, einschalten. An heißen Sommertagen werden die Heizmatten überhaupt nicht eingeschaltet. Zur Kontrolle der Temperatur verbleibt ein Thermometer im Terrarium.

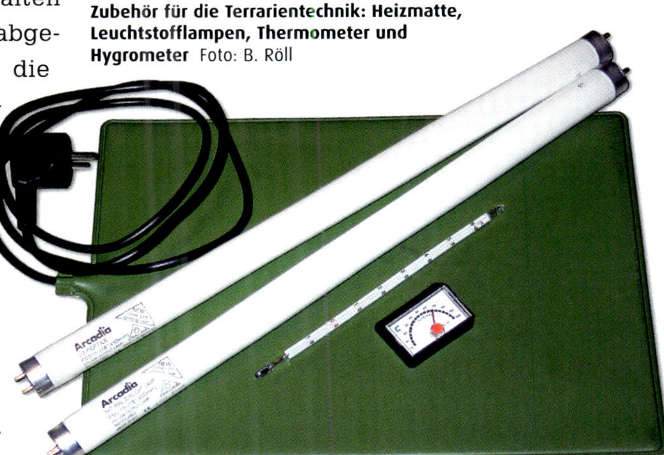

Zubehör für die Terrarientechnik: Heizmatte, Leuchtstofflampen, Thermometer und Hygrometer Foto: B. Röll

spektrum und eine mit UV-Spektrum ein. Mit zwei 120 cm langen Leuchtstofflampen können mehrere von den oben beschriebenen Terrarien mit einer Höhe von 40 cm beleuchtet werden. Die Röhren und ihre Vorschaltgeräte können in einfachen, auch selbst gebauten Reflektoren untergebracht werden. Als Alternative kommen im Handel erhältliche Reflektoren, die an der Röhre festgeklemmt werden, in Betracht. Da Glas UV-Licht absorbiert, werden die Leuchtstofflampen über dem Gazeteil der Oberseite angebracht. Zusätzlich können Wär-

WUSSTEN SIE SCHON?

Ultraviolettes Licht ist kurzwellig, mit Wellenlängen im Bereich zwischen 400 und 200 nm. Für den Menschen ist es nicht sichtbar. UV-Licht wird in drei Bereiche eingeteilt, dabei wird jeder Bereich mit einem Buchstaben gekennzeichnet: UV-A für den Bereich von 400 bis 320 nm, UV-B für 320 bis 280 nm und UV-C für 280 bis 200 nm. Es ist die UV-B-Strahlung, die bei uns und auch bei Tieren körperliche Schäden wie z. B. Sonnenbrand verursachen kann. UV-Licht ist also potentiell schädlich! UV-Licht – und zwar wiederum UV-B-Strahlung – wird jedoch andererseits für die Herstellung von aktivem Vitamin D3 benötigt. Deshalb sollte eine gewisse Menge UV-B-Strahlung im Spektrum einer künstlichen Beleuchtung enthalten sein.

mestrahler mit 25 Watt als lokale Wärmequellen über der Gaze montiert werden – besonders bei Verwendung der wenig Wärme abgebenden T5-Röhren. Die Wärmestrahler können vormittags, bevor die Heizmatten den Bodengrund erwärmt haben, während der Mittagszeit und nachmittags für ca. eine Stunde zugeschaltet werden. Die Zeiten können auch variiert werden. Eine Zeitschaltuhr übernimmt das Ein- und Ausschalten der Beleuchtung.

Zur Simulierung einer Morgen- und Abenddämmerung kann man spezielle Dimmungsmechanismen verwenden. Ein Dimmungsgerät kann entweder anstelle des normalen Starters eingesetzt werden, oder man verwendet eine elektronische Dimmer-Lampensteuerung,

Luftfeuchtigkeit

IN den hier beschriebenen Terrarien, die zeitweise mit Heizmatten erwärmt und mit Leuchtstofflampen zwölf Stunden beleuchtet werden, liegt die relative Luftfeuchtigkeit tagsüber zwischen 50 und 55 %. Nach dem Überbrausen der Pflanzen und Äste im Terrarium mit Wasser steigt die relative Luftfeuchtigkeit auf 60–80 %

Ernährung

LYGOdactylus-Geckos ernähren sich wie die meisten Geckos von verschiedenen Insekten und anderen Wirbellosen. Beobachtungen und Untersuchungen von Mageninhalten ergaben, dass sich *L. williamsi* im Kimboza Forest hauptsächlich von Spinnen und Ameisen ernährt (ANSELL & NEHAMMER 1994). In der Terrarien-

Heimchen (*Acheta domestica*) Foto: B. Röll

Wachsmottenlarven (*Galleria mellonella*) Foto: B. Röll

die ein elektronisches Vorschaltgerät, eine Zeitschaltuhr und einen Simulator für eine Dämmerung in sich vereint. In der Regel dauert es bei solchen, leider sehr teuren Geräten zu Beginn und am Ende des Tageszyklus etwa 30 Minuten, bis die Strahlung der Lampe 100 % erreicht. So haben die Geckos mehr Zeit, ihre Verstecke zu verlassen bzw. aufzusuchen.

Elektrische Zeitschaltuhr
Foto: B. Röll

an und fällt dann langsam wieder ab. Der feucht gehaltene Blumentopf mit der Rankenpflanze trägt zur Erhöhung der relativen Luftfeuchtigkeit bei. Zusätzlich kann auch ein kleiner, mit Steinen bedeckter Teil des Bodengrunds im Terrarium feucht gehalten werden. Mithilfe eines Hygrometers wird die Luftfeuchtigkeit im Terrarium überprüft.

haltung nehmen die Tiere die üblichen Futterinsekten an.
Es eignen sich: Heimchen (*Acheta domestica*), Zweifleckgrillen (*Gryllus bimaculatus*), Wachsmottenlarven (*Galleria mellonella*), Ofenfischchen (*Thermobia domestica*), Kleine und Große Essig- oder Obstfliege (*Drosophila melanogaster*, *D. hydei*), Erbsenblattläuse (*Acyrthosi-*

Ofenfischchen (*Thermobia domestica*) Foto: B. Röll

Große Obstfliegen (*Drosophila hydei*) Foto: B. Röll

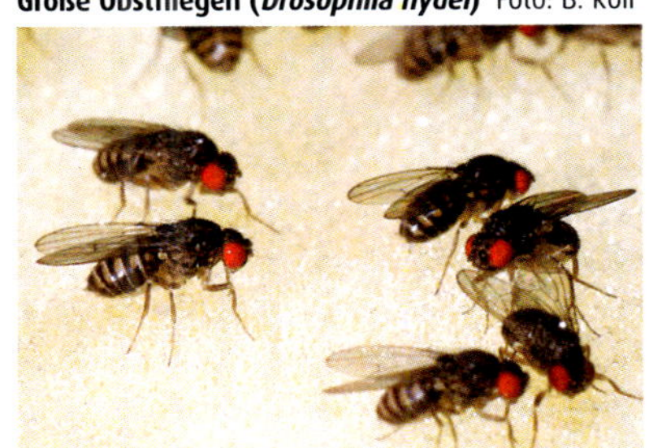

Bohnenkäfer (*Bruchus* sp.) Foto: B. Röll

> **DER PRAXISTIPP**
>
> Die meisten Futterinsekten kann man inzwischen fast das ganze Jahr über im Zoofachhandel kaufen oder per Post zugesendet bekommen. Um Engpässe beim Futter – z. B. bei ungünstigen Witterungen – und zusätzliche Kosten zu vermeiden, kann man zumindest einige Futtertiere auch selbst züchten. Die hier genannten Futtertiere lassen sich ohne viel Aufwand vermehren. Es gibt etliche hilfreiche Bücher über Futtertierzuchten mit ausführlichen Anleitungen, z. B. Bruse et al. (2003). Der große Vorteil einer eigenen Futtertierzucht ist der Einfluss des Tierhalters auf die Qualität der Futtertiere, da er sie entsprechend gut halten und vielseitig ernähren kann. Vollwertig ernährte Futterinsekten sind eine der Grundvoraussetzungen für die Gesunderhaltung aller in Terrarien gehaltenen Geckos.

phon pisum) und Getreideschimmelkäferlarven (*Alphitobius* sp.). Dieses Futterspektrum kann noch ergänzt werden durch kleine Käfer wie z. B. Bohnenkäfer (*Bruchus* sp.). Die in der Terraristik häufig als Futtertiere verwendeten Kurzflügelgrillen (*Gryllodes sigillatus*) eignen sich nur bedingt, da diese Grillen erstens die meiste Zeit bewegungslos verharren – oft in Verstecken im Terrarium – und zweitens sehr sprungfreudig sind. Nach Berührung ihrer sehr langen Fühler oder der Sinneshaare auf ihren Körperanhängen (Cerci) können sie aus dem Stand etliche Zentimeter hoch und weit springen.

Die adulten Geckos werden drei

Mal pro Woche (z. B. montags, mittwochs, freitags) gefüttert. Aufgrund ihres Aktivitätsrhythmus eignet sich hierzu gut der späte Nachmittag. *Drosophila*-Fliegen, Ofenfischchen und Bohnenkäfer können als adulte Insekten verfüttert werden. Bei Heimchen, Grillen, Wachsmotten und Getreideschimmelkäfern werden Larven verfüttert, die Körperlängen von ca. 4–6 mm haben. Es ist durchaus ratsam, mehrere kleinere Futtertiere anzubieten, um die Geckos zu erhöhter Bewegungsaktivität zu veranlassen.

DER PRAXISTIPP

In Abständen von zwei oder drei Wochen kann man den Geckos zerdrückte, reife Banane, Fruchtbrei (z. B. von Alete oder Hipp) oder Frischkäse mit Früchten (z.B. Fruchtzwerge mit wenig Zucker) anbieten. Dazu gibt man einen Klecks Brei auf einen Kronkorken oder den Verschluss einer Milchtüte. Diesen „Tellerersatz" stellt man auf den Bodengrund am besten in die Nähe der Äste oder Bambusstangen. So können die Tiere von ihrem Ast aus am Brei lecken. Der Brei trocknet innerhalb von ein bis zwei Tagen ein, dann wird der Korken oder Milchtütenverschluss einfach entfernt.

Mit Ausnahme der Getreideschimmelkäferlarven werden die Futterinsekten einfach in das Terrarium gegeben; die Käferlarven werden in kleinen, undurchsichtigen Schälchen angeboten, da sie sich sonst schnell in das Bodensubstrat wühlen. Diese Schalen stellt man auf den Boden am besten in die unmittelbare Nähe des Astes, an dem sich die Tiere bevorzugt aufhalten, und möglichst in Sichtweite der Geckos.

Betrachtet man Fotos von *L. williamsi* aus dem Freiland, so haben die Geckos in der Regel eine schlanke Gestalt. Im Terrarium jedoch kann *L. williamsi* bei zu gut gemeinter Fütterung reichlich Fett speichern, vor allem im Schwanz. Zu gut ernährte Reptilien bilden oft eine Fettleber aus. Deshalb sollten ballaststoffreiche Heimchen und Grillen häufiger angeboten werden als z. B. fettreiche Wachsmottenraupen und Ofenfischchen. Für einen adulten Gecko reichen im Allgemeinen pro Fütterung die folgenden Mengen an Futterinsekten in den oben angegeben Größen aus (jeweils alternativ!): 3–4 Heimchen bzw. Grillen, 3–4 Wachsmottenlarven, 6–8 Große bzw. 8–10 Kleine *Drosophila*-Fliegen, 3–4 Ofenfischen, 6–8 ausgewachsene Blattläuse oder 3–4 Bohnenkäfer. Die Futtermenge wird am besten so bemessen, dass die Geckos alle Futterinsekten schon kurze Zeit nach der Fütterung aufgefressen haben.

Versorgung mit Wasser

WIE viele Geckos leckt *L. williamsi* bevorzugt Spritzwasser von den Blättern oder von den Terrarienscheiben ab. Daher werden Pflanzen und Scheiben jeden Tag oder jeden zweiten Tag – meistens nachmittags oder am frühen Abend z. B. vor der Fütterung – mit Wasser überbraust. Die Tiere nehmen aber gelegentlich auch Wasser aus Schälchen auf; deshalb sollte ihnen immer frisches Trinkwasser zur Verfügung stehen. Dieses kann man z. B. einfach in Schraubverschlüssen von Mineralwasserflaschen anbieten, die man wie das Schälchen mit den Käferlarven am besten direkt neben Äste stellt. So können die Geckos das Wasser leicht von ihrer bevorzugten Sitzposition aus erreichen. Leider fällt dadurch manchmal Kot ins Wasser; dann sollte man das Schälchen entfernen und ein neues anbieten.

Versorgung mit Vitaminen und Mineralstoffen

AUCH gut ernährte Futterinsekten sollten kurz vor dem Verfüttern mit einem Vitamin/Mineralstoffpulver eingestäubt werden. Das gilt jedenfalls für Heimchen, Grillen, Wachsmottenraupen, *Drosophila* und Bohnenkäfer. Bei Ofenfischchen und Getreideschimmelkäferlarven kann man sich das Einstäuben sparen, da das Pulver auf diesen Insekten kaum haften bleibt. Als Vitamin/Mineralstoffpulver eignet sich sehr gut Korvimin® ZVT + Reptil; hierbei handelt es sich um ein Gemisch aus Vitaminen und Mineralstoffen, das speziell für Reptilien ausgelegt wurde. Es enthält z. B. größere Mengen an Mineralstoffen und ein für Reptilien geeignetes Kalzium/Phosphor-Verhältnis (15 % Kalzium). Auch das Präparat CALCAmineral®

Präparate zur Vitamin- und Mineralstoffversorgung Foto: B. Röll

(Mineralstoffe und Vitamine) kann zum Einstäuben verwendet werden. Sowohl Korvimin als auch CALCAmineral werden in einem dicht schließenden Gefäß im Kühlschrank aufbewahrt.

Wenn die Futterinsekten mit einem Vitamin/Mineralstoff-Pulver eingestäubt werden, braucht das Spritzwasser keine Vitamine zu enthalten. Verfüttert man nicht eingestäubte Insekten, wird das Spritzwasser mit Vitaminen versetzt. Hierzu gibt man zu einem Liter Wasser z. B. 2–3 Tropfen VeyFo Multi-C-Mulgat (Veyx-Pharma GmbH). Natürlich kann man auch andere im Fachhandel angebotene Vitaminpräparate verwenden. Benutzt man ein Vitaminpräparat ohne Vitamin D_3 wie Multi-C-Mulgat, so wird das Spritzwasser zusätzlich mit einer Tablette Vigantol (Merck) mit 1.000 I.E. Vitamin D_3 versetzt. Das Wasser sollte kurz vor Gebrauch frisch zubereitet werden. Zur speziellen Anreicherung mit Vitamin B, C und E kann man auch etwa ein Mal pro Monat einen großen Klecks des Multivitamin-Gelees „Mulgatol Junior" in den Fruchtbrei oder den Inhalt eines Fruchtzwergs einrühren. Sowohl die Vitamin-Stammlösung als auch das Multivitamin-Gelee und die Vigantoletten werden lichtgeschützt im Kühlschrank aufbewahrt. Das Wasser in den Trinkgefäßen kann (muss aber nicht) zusätzliche Vitamine enthalten, die aber durch die relativ hohe Temperatur im Terrarium schnell abgebaut werden.

Zur zusätzlichen Versorgung mit Kalzium und Vitamin D_3 bekommen die Tiere alle 2–3 Monate ein

WUSSTEN SIE SCHON?

Vitamine sind Substanzen, die vom Körper in geringsten Mengen benötigt werden, aber bis auf einige Ausnahmen nicht von ihm hergestellt werden können. Vitamine müssen deshalb von allen Tieren mit der Nahrung aufgenommen werden. Sie sind also unbedingt notwendige Nahrungsbestandteile. Vitamine werden in zwei Gruppen eingeteilt: in die wasserlöslichen Vitamine (B-Gruppe, C und H) und in die fettlöslichen Vitamine (A, D, E und K). Die wasserlöslichen Vitamine werden nicht im Körper gespeichert, sondern ausgeschieden. Die fettlöslichen Vitamine dagegen werden im Körper – z. B. in der Leber – gespeichert. Nicht ausreichende Mengen an Vitaminen führen zu Mangelerscheinungen (Hypovitaminosen). Aber auch eine Überdosierung bestimmter fettlöslicher Vitamine wie A und D führt zu Krankheitserscheinungen (Hypervitaminosen). Deshalb sollte man mit der Dosierung zusätzlicher Vitamine eher zurückhaltend sein und die Vitaminzufuhr besser über gut ernährte Futterinsekten gewährleisten, z. B. über mit Löwenzahn, Möhre und anderem Gemüse ernährte Heimchen und Grillen.

mit einem Mörser fein zerriebenes Gemisch aus Eierschalen, wenigen Krümeln einer Vigantoletten-Tablette (Vitamin D_3) und Kalziumlaktat in einer flachen Schale, z. B. in einem Kronkorken. Zusätzliches Kalzium benötigen vor allem die Weibchen zur Produktion der Eischalen, die Kalziumkarbonat in Form von Calcit-Kristallen enthalten. Dieses Gemisch wird anscheinend nur bei Bedarf aufgenommen; manchmal rühren die Geckos es nicht an, manchmal wird die Schale völlig geleert. Männchen nehmen anscheinend gar keine Krümel aus dem Gemisch auf.

Utensilien zur zusätzlichen Kalkversorgung Foto: B. Röll

Krankheiten

ÜBER Krankheiten speziell von *L. williamsi* gibt es nur wenige Informationen. Häufige Ektoparasiten (Außenparasiten) bei frei lebenden Geckos sind Milben, die als rote Punkte vor allem an den Zehen, an der Kehle und um das Auge herum auffallen. Nachzuchttiere weisen in der Regel keine Milben auf. Allerdings können einige Milbenarten ihren Wirt wechseln. Daher kann es in seltenen Fällen zu einer Infektion mit Milben von Bewohnern anderer Terrarien in der gleichen Haltung kommen. Bei einem schweren Befall mit Milben können Blutverlust, Zerstörung von Hautgewebe und übertragene Krankheitserreger den Wirt schädigen oder schlimmstenfalls zum Tod führen. Solch einen Gecko muss man isolieren und zum Tierarzt bringen.

Vor allem im Freiland kann *L. williamsi* nicht nur mit Ektoparasiten,

Als Vitamin D wird eine ganze Gruppe von chemisch ähnlichen Verbindungen (Calciferole) bezeichnet, von denen das wichtigste das Colecalciferol (Vitamin D_3) ist. Die biologisch aktive Form des Vitamins ist an der Regulation des Kalzium-Stoffwechsels beteiligt: Sie fördert sowohl die Kalzium-Resorption (Kalzium-Aufnahme) aus dem Darm als auch die Mobilisierung (Herauslösung) von Kalzium aus den Knochen. Ein Mangel an Vitamin D_3 führt zu Störungen der Knochenbildung und zu Verformungen des Skeletts. Solche Mineralisationsstörungen fallen unter das als Rachitis bekannte Krankheitsbild.

Umgekehrt führt eine Überdosierung von Vitamin D_3 aber ebenfalls zu einer Entkalkung der Knochen sowie zu einer erhöhten Kalzium-Konzentration im Blut. Deshalb sollte man mit der Dosierung dieses Vitamins vorsichtig umgehen.

WUSSTEN SIE SCHON?

Bei Säugetieren und vermutlich auch bei anderen Landwirbeltieren wird eine Vorstufe des Vitamins D_3 (7-Dehydrosterol), die vom Tier selbst hergestellt werden kann, durch UV-B-Strahlung in der Haut in Vitamin D_3 umgewandelt. Dieses wird dann in der Leber und in der Niere in zwei biologisch aktivere Formen umgewandelt. Terrarienbewohner kann man demnach auf zwei verschiedenen Wegen mit Vitamin D_3 versorgen: zum einen durch die Bestrahlung mit UV-B-Licht und zum anderen durch die Gabe von Vitamin D_3.

sondern auch mit verschiedenen Endoparasiten (Innenparasiten) infiziert sein. Dazu gehören z. B. Trypanosomen, die TELFORD (1995) bei *L. williamsi* fand. Trypanosomen ernähren sich von den meist im Überfluss vorhandenen Stoffen im Blut oder anderen Körperflüssigkeiten; dabei beeinträchtigen oder schädigen sie ihre Wirte im Normalzustand nicht oder wenig. Sind diese aber aus irgendwelchen Gründen geschwächt, wie z. B. durch Infektionen mit zusätzlichen Parasiten oder durch eine schlechte Ernährungslage, so können sich diese Einzeller stark vermehren und pathogen wirken. Die pathogene Wirkung der Trypanosomen beruht dann aber nicht auf einem Entzug von Nährstoffen, sondern auf einer Vergiftung durch ihre Stoffwechselprodukte. Trypanosomen werden nur durch stechende Insekten übertragen, weshalb Nachzuchttiere nicht infiziert sind.

Etliche andere Endoparasiten – Einzeller und Würmer – werden über den Kot infizierter Tiere übertragen, weshalb es hier zu „Querinfektionen“ von anderen, in der gleichen Terrarienanlage gehaltenen Reptilien und damit auch nachgezüchteten Tieren kommen kann. Diese Parasiten und ihre verschiedenen Entwicklungsstadien können in Kotproben oder Abstrichen nachgewiesen werden. Kotproben kann man bei Tierärzten – am besten nach vorhergehender Absprache – für eine Untersuchung abgeben oder an verschiedene Institute einschicken; dort erfolgt eine (kostenpflichtige) Untersuchung. Man erhält das Resultat und Angaben über Behandlungsmöglichkeiten.

Weiterhin gibt es Erkrankungen, die als Folge von Haltungs- und/oder Ernährungsfehlern auftreten. Besonders häufig sind Häutungsschwierigkeiten, Rachitis und Legenot.

Unter Häutungschwierigkeiten versteht man in der Terraristik meistens eine unvollständige Häutung. Häutungsschwierigkeiten können aber auch zu häufige oder verzögerte Häutungen sein. Eine unvollständige Häutung beruht oft auf einer zu hohen Temperatur und/oder einer zu geringen Luftfeuchtigkeit im Terrarium. Auch Vitaminmangel – besonders an Vitamin A – kommt als Auslöser infrage. Ein betroffenes Tier sollte man in lauwarmem Wasser baden, um die Hautreste einzuweichen. Danach kann man versuchen, diese vorsichtig – ohne Gewalt! – abzuziehen. Alternativ trägt man auf die betroffenen Hautpartien mit einem Pinsel ganz dünn Lebertran auf. Durch die lokale Zufuhr von Vitamin A löst sich dann oft der Hautrest ab. Bei schweren Häutungsfehlern bleibt nur der Gang zum Tierarzt.

Rachitische Erscheinungen sind Knochenstoffwechselstörungen,

Verhalten im Terrarium

LYGO*dactylus williamsi* wird in der Terrarienhaltung schnell zutraulich und nimmt bereits nach kurzer Zeit Futtertiere aus der Pinzette an. Trotzdem sollte man beim Hantieren im Terrarium vorsichtig sein, denn manche Individuen nehmen diese Gelegenheit gern wahr, um mit erstaunlicher Schnelligkeit aus dem Behälter zu flitzen. Auch gibt es einige Tiere (speziell einzeln

die in den meisten Fällen auf einer ungenügenden Zufuhr von Vitamin D_3, einem zu niedrigen Kalkangebot oder einem ungünstigen Kalzium-Phosphor-Verhältnis beruhen. Sie äußern sich in einer Verkrümmung der Wirbelsäule, weichen Kieferknochen und Deformation der Gliedmaßen. Diese schweren Mangelerscheinungen können mit vom Tierarzt dosierten Vitamin-D_3- und Kalzium-Gaben sowie zusätzlicher UV-Bestrahlung behandelt werden.

Legenot (Unvermögen der Weibchen, reife Eier abzulegen) kann viele Ursachen haben, z. B. das Fehlen geeigneter Eiablageplätze, zu niedrige Haltungstemperaturen, Konkurrenz um Ablageplätze bei zu hohem Tierbesatz, Infektionen des Eileiters oder Störungen des Mineralhaushaltes. Auch hier ist der Besuch eines Tierarztes nötig.

Eine Liste von Tierärzten, die Erfahrung mit der Behandlung mit Reptilien haben, findet man auf der Internetseite der DGHT. Diese Liste wird von der Arbeitsgemeinschaft Amphibien- und Reptilienkrankheiten (AG ARK) bereitgestellt und ständig aktualisiert. Die betreffenden Tierarztpraxen sind nach Postleitzahlen sortiert.

gehaltene Männchen), die immer relativ scheu bleiben. Die meiste Zeit zeigt *L. williamsi* seine prachtvolle Färbung, verärgerte oder gestresste Tiere verfärben sich dunkel. Aber auch schlafende Weibchen sind manchmal dunkler gefärbt. Weiterhin ist dieser Zwergtaggecko ausgesprochen

Neugieriger *L. williamsi*
Foto: B. Röll

Dunkel gefärbtes Weibchen von *L. williamsi*
Foto: B. Röll

neugierig. Bei Störungen läuft er zwar manches Mal auf die vom Beobachter abgewendete Seite des Astes bzw. der Bambusstange, kommt jedoch nach kürzester Zeit wieder zum Vorschein. Besonders auffällig ist das „freundliche" Verhalten von Männchen und Weibchen zueinander. Ein Paar, das schon längere Zeit zusammenlebt, scheint sich individuell zu kennen: Die Tiere begrüßen sich regelmäßig, indem sie sich mit der Schnauzenspitze gegenseitig berühren (s. „Verwandtschaft").

Bei innerartlichen Auseinandersetzungen zwischen Männchen beobachtet man bei *L. williamsi* ein sog. Drohimponieren, das dem von anderen Mitgliedern aus der *picturatus*-Gruppe gleicht (Röll 2004b). Es gibt mehrere Imponierformen, die sich miteinander abwechseln können. Die einfachste Form besteht aus stroboskopartig ruckenden, seitlichen Kopfbewegungen. Beim „Seitwärtsdrohen" bläht ein drohendes Männchen seine Kehle auf, krümmt seinen Rücken und präsentiert seinen seitlich abgeflachten Körper von der Seite. So wirkt das drohende Tier größer. Meistens zieht sich der unterlegene Gegner in dieser Situation zurück. Beim „Vorwärtsdrohen" sind der

„Begrüßung" bei *L. williamsi* Foto: B. Röll

Kopf und die gewölbte Kehle direkt gegen den Gegner gerichtet und der Körper wie beim Seitwärtsdrohen gekrümmt. Das Drohimponieren zwischen Weibchen läuft prinzipiell genauso wie zwischen Männchen ab. In den meisten Fällen zieht sich das unterlegene Weibchen beim Anblick der Drohhaltung des dominanten Weibchens zurück. Selbst Jungtiere beherrschen untereinander schon das volle Programm des Drohimponierens.

Paarungsverhalten

DAS Paarungsverhalten von *L. williamsi* enthält wie bei anderen Arten aus der Gattung *Lygodactylus* das Drohimponieren (daher die Bezeichnung „Drohbalz"). Das Männchen droht seitwärts mit gekrümmtem Rücken und gewölbter Kehle vor dem Weibchen. Drohen und Heranrücken an das Weibchen wechseln sich ab. Ist das Weibchen nicht paarungsbereit, führt es schnelle Seitwärtsbewegungen mit dem Schwanz aus und entzieht sich dem Männchen durch Flucht. Ist das Weibchen paarungsbereit, so verhält es sich ruhig und schlängelt höchstens mit der Schwanzspitze. Jetzt kriecht das Männchen über das Weibchen, umgreift dessen Körper hinter den Vorderbeinen und bringt den für squamate Echsen typischen Nackenbiss an. Das Weibchen hebt seine Schwanzwurzel leicht an, sodass das Männchen einen Hemipenis in die Kloake des Weibchens einführen kann. Die Paarung kann ca. 20 Minuten dauern. Manchmal trägt das Weibchen durch den Nackenbiss oberflächliche Verletzungen der Haut davon, die mit der nächsten Häutung verschwinden.

Eiablage und Inkubation der Eier

LYGO*dactylus williamsi* kann im Terrarium während des ganzen Jahres in Abständen von 4–6 Wochen Eier ablegen. Aber die meisten Weibchen legen für einen Zeitraum von 1–2, manchmal auch von 2–3 Monaten eine Legepause ein, und zwar bevorzugt in den Monaten November, Dezember und Januar. Trächtige Weibchen sind gut an den zwei gegeneinander versetzten Wölbungen im hinteren Körperbereich zu erkennen. Von der Bauchseite her sind die Eier aufgrund der relativ undurchsichtigen Haut schwer zu sehen. 2–3 Tage vor der Eiablage suchen sich trächtige Weibchen einen dazu geeigneten Platz im Terrarium und stellen manchmal auch die Nahrungsaufnahme ein.

Die Weibchen von *L. williamsi* legen pro Gelege zwei Eier mit Kalkschale ab, die sie – anders als die meisten anderen Vertreter der Gattung – ankleben. Als Unterlage zum Festkleben wählen die Weib-

Kopulation von *L. williamsi*
Foto: B. Röll

WUSSTEN SIE SCHON?

Die Männchen von *L. williamsi* besitzen wie alle Geckos paarige Kopulationsorgane, die Hemipenes (Singular Hemipenis). Die Hemipenes liegen eingestülpt in schwanzwärts ausgerichteten Erweiterungen der ventralen Kloakenwand, den sogenannten Hemipenistaschen, die von außen im Bereich der Schwanzwurzel als mehr oder weniger deutliche Verdickung sichtbar sind. Bei einer Kopulation wird nur der näher an der weiblichen Kloake gelegene Hemipenis ausgestülpt und in die Kloake des Weibchens eingeführt. Die Übertragung der Spermien aus der Kloake des Männchens erfolgt über eine Samenrinne, die auf dem Hemipenis verläuft.

chen meistens glatte Flächen aus, wie z. B. Terrarienscheiben, Tonscherben oder auch Pflanzenblätter. Von Blättern lassen sich die Eier aufgrund der glatten Pflanzenkutikula leicht entfernen, von anderen Substraten allerdings nicht. Wenn man die Eier nicht im Terrarium inkubieren will, sondern unter kontrollierbaren Temperaturen im Inkubator, so kann man den Weibchen andere Verstecke für die Eiablage anbieten, wie z. B. mehrere aufeinandergesta-

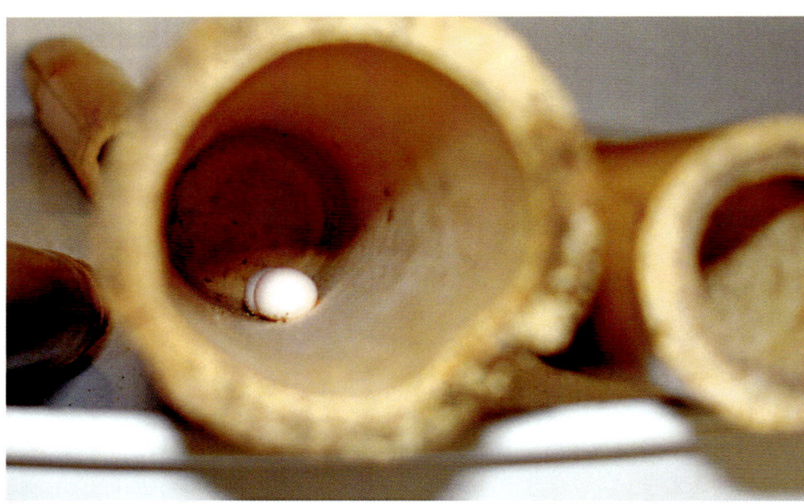

Gelege von *L. williamsi* in einer Bambusröhre Foto: B. Röll

Gelege an Terrarienscheiben Foto: B. Röll

pelte oder aneinandergelehnte kurze Bambusröhren. Die Bambusröhren mit den angeklebten Eiern kann man dann aus dem Terrarium entnehmen. Man kann die Bambusröhre auch mit einer stabilen Plastikfolie auskleiden, die dann mitsamt den angeklebten Eiern wieder leicht entfernt werden kann (Vorsicht beim Entrollen der Folie!). Während der Ablage ist die Eischale verformbar, nach der Eiab-

lage härtet die Schale dann sehr schnell aus. Manchmal halten die Weibchen das Gelege noch bis zur Aushärtung zwischen Schwanzansatz und Hinterfüßen fest, sodass man auf der Eischale noch Abdrücke der Schuppen sehen kann. Weibchen der Gattung *Lygodactylus* können – wie viele andere Reptilienweibchen auch – Spermien speichern. Somit können sie nach einer Trennung vom Männchen noch 2–4 befruchtete Gelege absetzen. Die rundlichen Eier sind 6–7 x 7–8 mm groß; gewöhnlich kleben die beiden Eier zusammen.

Wenn angeklebte Eier im Terrarium gezeitigt werden müssen, sollte man sie mit einem umgedrehten, kleinen Becher abdecken, dessen Boden aus feinmaschiger Gaze, z. B. Gardine, besteht. Die Jungtiere befinden sich nach dem Schlüpfen unter dem Becher, der sie vor den Nachstellungen der Elterntiere schützt. Frei im Terrarium herumlaufende Schlüpflinge können von den Elterntieren als Beute angesehen und gefressen werden.

Unter der Eischale schimmern frisch abgelegte Eier gelblich, nach einigen Tagen werden die Eier rosa und dann mit fortschreitender Embryonalentwicklung dunkel. Die Zeitigungsdauer hängt von der Temperatur ab. Unter den Temperaturbedingungen im Terrarium (nachts 20–21 °C, tagsüber 26–30 °C) schlüpfen die Jungtiere nach 62–70 Tagen. Bei durchgängig 26 °C verlängert sich die Inkubationsdauer auf 70–76 Tage, bei 28 °C verkürzt sie sich auf 52–56 Tage.

Die Eier können selbstverständlich auch in einem Inkubator gezeitigt werden; dabei kann man als Substrat Sand oder Vermiculit verwenden. Die relative Luftfeuchtigkeit kann zwischen etwa 50 und 70 % liegen.

WUSSTEN SIE SCHON?

Die meisten Geckos weisen hinter den Ohröffnungen in der Halsregion sog. Kalksäckchen auf, die auch als endolymphatischer Apparat oder endolymphatische Säckchen bezeichnet werden und strukturell zum Innenohr gehören. Der endolymphatische Apparat ist besonders stark bei Weibchen ausgebildet; er besteht aus einem Gang und einer sackähnlichen Struktur, die mit Kalziumkarbonat gefüllt ist. Letzteres dient als Reservoir für die Bildung der kalkigen Eischalen. Bei Weibchen von *L. picturatus* kann man in einigen Fällen eine Abnahme der Größe der Säckchen kurz vor der Eiablage beobachten. Bei Weibchen von *L. williamsi* sind die endolymphatischen Säckchen von außen jedoch kaum zu erkennen. Eine eher krankhafte Vergrößerung der Säckchen, die z. B. bei einigen *Phelsuma*-Arten vorkommt, habe ich bei *L. williamsi* noch nicht beobachtet.

Geschlechtsdetermination

DAS Geschlecht des sich entwickelnden Embryos wird bei Geckos entweder genetisch oder in Abhängigkeit von der Inkubationstemperatur der Eier bestimmt (genotypische oder temperaturabhängige Geschlechtsdetermination). Bei *L. williamsi* liegt eine temperaturabhängige Geschlechtsdetermination vor, d. h. die Ausbildung des Geschlechts wird primär von der Temperatur während der Embryonalentwicklung bestimmt, also während der Inkubation der Eier. Bei hohen Temperaturen zwischen 27 und 28 °C schlüpfen deutlich mehr Männchen als Weibchen. Aber auch eine Inkubation bei ca. 25–26 C° führt noch zu einem Überhang an Männchen. Erst bei Temperaturen um 23–24 °C schlüpfen vermehrt Weibchen. Allerdings waren Jungtiere, die bei niedrigen Temperaturen ausgebrütet wurden, oftmals weniger überlebenstüchtig.

Schlüpflinge und Jungtiere

DIE beiden Jungtiere eines Geleges schlüpfen nur selten am gleichen Tag, in der Regel schlüpfen sie in Abständen von 1–2 Tagen. Nach dem Verlassen des Eis durch eine kleine Öffnung häuten sich die Schlüpflinge. Bei manchen Schlüpflingen hängt noch ein Rest des Dottersacks im Nabelbereich, der nach dem Schlüpfen abgestreift wird.

Schlüpfling von *L. williamsi* Foto: B. Röll

Leere Eischalen und Dotterrest (oben links) auf einer Tonscherbe Foto: B. Röll

Die sofort selbstständigen Schlüpflinge haben eine KRL von 14–16 mm, der Schwanz ist genauso lang oder etwas länger. Sie sind grünlich bis bronzefarben wie die Weibchen, haben schon das typische Muster aus schwarzen Flecken und Streifen auf der Oberseite und eine Kehlzeichnung ähnlich wie die der Weibchen. Der Bauch ist gräulich, die Unterseite der Vorder- und Hinterextremitäten und des gesamten Schwanzes ist auffällig orange. Auch die Jungtiere können je nach Stimmung heller oder dunkler gefärbt sein.

Die meisten jungen Männchen färben sich im Alter von 6–7 Monaten von Grünlich über Türkisgrün nach Türkisblau um. Zu diesem Zeitpunkt sind auch schon kleine Präanalporen oder zumindest dunkle Punkte in der entsprechenden Schuppenreihe sichtbar. Es gibt aber auch Männchen, die länger grün bleiben und sich erst im Alter von 11–13 Monaten umfärben (s. Kapitel „Beschreibung"). Diese Männchen bilden in der Regel auch erst später Präanalporen aus.

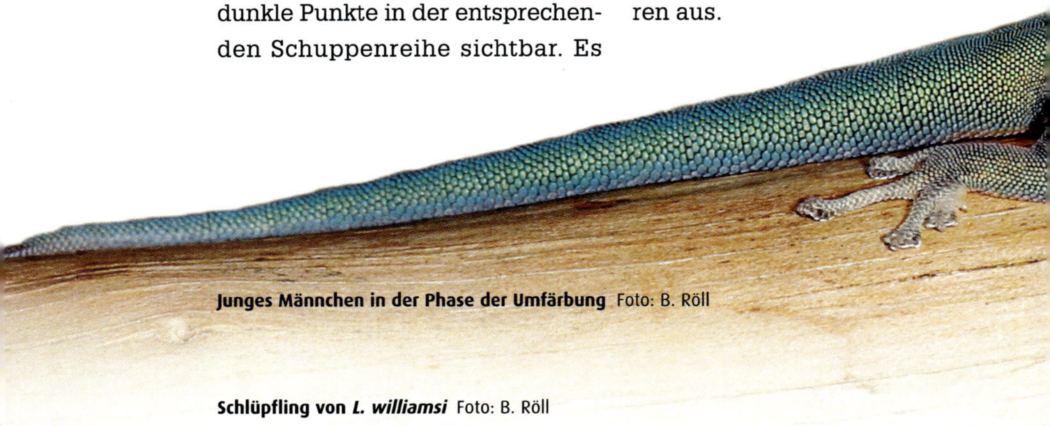

Junges Männchen in der Phase der Umfärbung Foto: B. Röll

Schlüpfling von *L. williamsi* Foto: B. Röll

Unterseite eines Schlüpflings von *L. williamsi* Foto: B. Pöll

Unterbringung von Schlüpflingen und Jungtieren

SCHLÜPFlinge werden zunächst zur besseren Kontrolle der Nahrungsaufnahme einzeln untergebracht. Sie beziehen in den ersten 2–4 Lebenswochen eine zum Kleinstterrarium umgestaltete, durchsichtige Plastikdose mit den Maßen 10 x 10 x 14 cm (B x T x H). Die Dose hat wie die Glasterrarien zwei Lüftungsflächen, eine im Deckel (ca. 7–8 cm Durchmesser) und eine an einer Seite (ca. 6 cm Durchmesser). Der Bodengrund der Aufzuchtdosen besteht aus Sand, die Einrichtung aus einem kleinen Ast und einem Stück Korkeichenrinde. Die Dosen stehen auf Heizmatten und werden mit den gleichen Leuchtstofflampen beleuchtet wie die Terrarien.

Ab einem Alter von vier Wochen werden die Jungtiere in eine größere Plastikdose mit den Maßen 12 x 12 x 17 cm umgesetzt. Diese Dose ist schon groß genug, um die Einrichtung mit einer Rankenpflanze in einem kleinen Blumentopf zu vervollständigen.

Im Alter von ca. zwei Monaten können die Jungtiere ein Terrarium mit den Maßen 25 x 30 x 40 cm (B x T x H) beziehen. Jetzt können sich 3–4 gleich große Jungtiere ein Terrarium teilen; allerdings muss man darauf achten, dass alle Tiere Zugang zu „Sonnenplätzen" haben und nicht ein Tier alle Futtertiere für sich beansprucht.

Fütterung von Schlüpflingen und Jungtieren

LYGOdactylus-Schlüpflinge nehmen in der Regel in den ersten beiden Tagen nach dem Schlüpfen keine Nahrung auf, sondern zehren noch vom Dottermaterial. Danach gehen sie selbstständig ans Futter.

In den ersten 6–8 Lebenswochen werden die Jungtiere täglich gefüttert. Als Futtertiere eignen sich kleine *Drosophila*-Fliegen (*D. melanogaster*), ca. 2–3 mm lange Larven der Wachsmotte, kleine Erbsenblattläuse, ebenso kleine Larven des Ofenfischchens und frisch geschlüpfte Heimchen (sog. „Micros"). Dabei reicht man ihnen nur so viel Futter, wie die Junggeckos an einem Tag fressen können. Fruchtbrei wird nur in kleinen Klecksen angeboten, da sonst die Gefahr besteht, dass die Schlüpf-

Aufzuchtdose für *L. williamsi* Foto: B. Röll

linge auf den Brei springen und dann eventuell völlig verkleben. Auf Trinkwassergefäße sollte man noch verzichten und dafür jeden Tag mit wenig Wasser sprühen. Sind die Jungtiere über acht Wochen alt, kann man an ein oder zwei Tagen pro Woche das Füttern ausfallen lassen; etwas später wird nur noch alle zwei Tage gefüttert.

Ab diesem Alter kann man ihnen ein kleines Gefäß mit Trinkwasser ins Terrarium stellen. Die Jungtiere von *L. williamsi* sind im Alter von ca. 10–12 Monaten fortpflanzungsfähig.

Geckos der Gattung *Lygodactylus* können über zehn Jahre alt werden. *Lygodactylus williamsi* kann mindestens neun Jahre alt werden.

Perspektive

DIE Aufnahme von *L. williamsi* in Anhang I des Washingtoner Artenschutzabkommens (CITES) und das damit bestehende Handelsverbot von Wildfängen sind wichtige Maßnahmen zum Schutz dieser Art. Der Türkisblaue Zwergtaggecko wird seit etlichen Jahren in menschlicher Obhut erfolgreich nachgezüchtet, in Zoos sowie sogar zum überwiegenden Teil in Privathand. Diese Nachzuchten sollten für die Nachfrage nach *L. williamsi* für die Terraristik ausreichen.

Nicht weniger wichtig für das Überleben der Art ist aber der Schutz des Lebensraumes, also vor allem des Kimboza-Regenwaldes. Hier bestehen inzwischen Schutzprojekte, z. B. von der Sokoine University of Agriculture in Tansania, zum Erhalt des ursprünglichen Waldes samt *Pandanus* – unter Einbeziehung der lokalen Bevölkerung. Damit gibt es einen Lichtblick für das Überleben des türkis- bzw. grünbronzefarbenen kleinen Geckos. Unser Einsatz für Schutzmaßnahmen für *L. williamsi* sollte also unbedingt weitergehen!

Danksagung

MEIN herzlicher Dank gilt Herrn Matthias Jurczyk und Herrn Roland Zobel, die mir freundlicherweise Fotos für dieses Buch zur Verfügung stellten.

Weitere Informationen

ZUR Vertiefung der in diesem Buch gegebenen Informationen und zum tieferen Einblick in terraristische und herpetologische Themenbereiche empfehlen sich die Mitgliedschaft in einem Verein gleich gesinnter Terrarianer und ein intensives Literaturstudium. Die folgenden Auflistungen sollen dabei behilflich sein, einen Einstieg in die Thematik zu finden, können aber natürlich nur einen kleinen Ausschnitt aufzeigen.

Vereine und Interessengruppen

Die Deutsche Gesellschaft für Herpetologie und Terrarienkunde (DGHT e. V.; www.dght.de) ist die weltweit größte Gesellschaft ihrer Art und bringt Wissenschaftler, Hobbyherpetologen und Terrarianer zusammen. Innerhalb der DGHT existiert die AG Echsen, die jährliche Fachtagungen veranstaltet.

Die Interessengruppe (IG) Phelsuma (www.ig-phelsuma.de) ist eine Vereinigung von Terrarianern, Hobbyherpetologen und Wissenschaftlern, die sich schwerpunktmäßig mit der Gattung *Phelsuma* beschäftigt

International Geckotagung
Zu Pfingsten treffen sich seit 1985 Jahren regelmäßig an Geckos interessierte Terrarianer und Herpetologen an wechselnden Orten. Informationen hierüber finden sich im Internet unter dem Stichwort „Internationale Geckotagung".

Die Vivaristische Vereinigung (ViVe e.V., www.viveweb.de) ist ein Verein, der sich mit der sach- und fachgerechten Haltung und Zucht von allen exotischen Heimtieren mit dem Schwerpunkt Reptilien beschäftigt.

Zeitschriften

- REPTILIA
Terraristik-Fachmagazin
Natur und Tier - Verlag GmbH
An der Kleimannbrücke 39/41
48157 Münster
Tel.: 0251-133390
E-Mail: verlag@ms-verlag.de
www.reptilia.de

- SAURIA
Terraristik und Gerpetologie
erscheint vier Mal jährlich,
Terrariengemeinschaft Berlin e.V.
E-Mail: abo@sauria.de
www.sauria.de

- elaphe
(nur für Mitglieder der DGHT)

Untersuchungsstellen

Kotproben, Sektionen und andere Untersuchungen können von spezialisierten Tierärzten oder von veterinärmedizinischen Untersuchungsstellen vorgenommen werden, die es in vielen Städten gibt.
Eine Liste mit Tierärzten, die sich mit Reptilien und Amphibien beschäftigen, kann über die DGHT bezogen oder auf www.dght.de eingesehen werden.
Überregional bekannt sind z. B. folgende Einrichtungen:

- exomed (www.exomed.de)
- LABOKLIN (www.laboklin.de)
- Landesbetrieb Hessisches Landeslabor (www.lhl.hessen.de)

Weiterführende und verwendete Literatur

BARBOUR, T. (1905): The Vertebrata of Gorgona Island. V. Reptilia and Amphibia. – Bull. Mus. Comp. Zool. 46: 98–102.

ANSELL, F. & A. NEHAMMER (1994): Escape responses and behaviour of *Lygodactylus williamsi*. In: BAYLISS, J. (1994). Preliminary biological investigation into Kimboza Forest Reserve, Morogoro District, Morogoro region, Tanzania. – Technical Report No. 19. The Society for Environmental Exploration, London, UK & The University of Dar es salaam, Dar es Salaam, Tanzania. 42 pp.

BUNDESAMT FÜR NATURSCHUTZ (2017): Erteilung von Vermarktungsbescheinigung für Himmelblaue Zwergtaggeckos (*Lygodactylus williamsi*). – Mitteilung vom 1.12.2017.

BRANCH, B. (1998): Field guide to the snakes and other reptiles of Southern Africa. – New Holland Ltd., London, 328 S.

BROADLEY, D.G. & K.M. HOWELL (1991): A checklist of the reptiles of Tanzania, with synoptic keys. – Syntarsus 1: 1–70.

– & – (2000): Reptiles. – In: BURGESS, N.D. & G.P. CLARKE (Hrsg.): Coastal Forests of Eastern Africa – IUCN Publication Service, Gland, Schweiz und Cambridge, UK, 443 S.

BRUSE, F., W. SCHMIDT & W. MEYER (2003): PraxisRatgeber Futtertiere. – Edition Chimaira, 143 S.

BURGESS, J. (2006): The blue anoles of Isla Gorgona. – Iguana 13: 47–52.

BURGESS, N., N. DOGGART & J.C. LOVETT (2002): The Uluguru Mountains of eastern Tanzania: the effect of forest loss on biodiversity. – Oryx 36: 140–152.

DOGGART, N., J. LOVETT, B. MHORO, J. KIURE & N. BURGESS (2004a): Biodiversity surveys in the forest reserves of the Uluguru Mountains, Part I: An overview of the biodiversity of the Uluguru Mountains. – A Report for: The Wildlife Conservation Society of Tanzania (WCST), 69 S.

–, –, –, – & – (2004b): Biodiversity surveys in the forest reserves of the Uluguru Mountains, Part II: Descriptions of the biodiversity of individual forest reserves. – A Report for: The Wildlife Conservation Society of Tanzania (WCST).

FLECKS, M., WEINSHEIMER, F., BÖHME, W., CHENGA, J., LÖTTERS, S., RÖDDER, D. (2012): Watching extinction happen: the dramatic population decline of the critically endangered Tanzanian Turquoise Dwarf Gecko, *Lygodactylus williamsi*. – Salamandra 48: 12-20.

GIPPNER, S., TRAVERS, S.L., SCHERZ, M.D., COLSTON, T.J., LYRA, M.L., MOHAN, A.V., MULTZSCH, M., NIELSEN, S.V., RANCILHAC, L., GLAW, F., BAUER, A.M., VENCES, M. (2021): . (2021): A comprehensive phylogeny of dwarf geckos of the genus *Lygodactylus*, with insights into their systematics and morphological variation. – Mol. Phylogenet. Evol.165 (2021) 107311.

GRAY, J.E. (1864): Notes on some new lizards from South-Eastern Africa, with the description of several new species. – Proc. Zool. Soc. London 34: 58–62.

LAMBERT, M. (1985): A-herping in Tanzania, but hardly in Loveridge's footsteps. – Brit. Herp. Soc. Bull. 12: 19–27.

LOVERIDGE, A. (1947): Revision of the African lizards of the family Gekkonidae. – Bull. Mus. Comp. Zool., Cambridge (Mass.), 98(1): 1–469.

– (1952): A startlingly turquoise-blue gecko from Tangayika. – J. East Afr. Nat. Hist. Soc. 20: 446.

PASTEUR, G. (1965): Recherches sur l'évolution des lygodactyles, lézards afro-malgaches actuels. – Trav. Inst. Scient. Chérif., Sér. Zool. 29: 1–132.

PUENTE, M., F. GLAW, D.R.VIEITES & M. VENCES (2009): Review of the systematics, morphology and distribution of Malagasy dwarf geckos, genera *Lygodactylus* and *Microscalabotes* (Squamata: Gekkonidae). – Zootaxa 2103: 1–76.

RÖLL, B. (1999): *Lygodactylus chobiensis* FITZSIMONS. – Sauria, Suppl. 21(3): 457–460.

– (2004a): *Lygodactylus luteopicturatus* PASTEUR, 1965 [1964]: ein Synonym von *Lygodactylus picturatus* (PETERS, 1870) (Sauria, Gekkonidae). – Sauria, Berlin, 26(1): 33–37.

– (2004b): Zwerggeckos – *Lygodactylus*. 1. Auflage – Natur und Tier - Verlag, Münster, 64 S.

RÖLL, B. (2013): Tagaktive Zwerggeckos der Gattung *Lygodactylus*. – Natur und Tier-Verlag, Münster, 118 S.

RÖLL, B. (2017): Vorstudie zur möglichen Identifizierung streng geschützter Reptilien: Der Türkisblaue Zwergtaggecko *Lygodactylus williamsi* LOVERIDGE, 1952. – Auftraggeber: Bundesamt für Naturschutz (BfN) (September 2017, unveröffentlicht, 22 S.).

RÖLL, B. (2018): Passfotos für den Türkisblauen Zwergtaggecko, *Lygodactylus williamsi*. – REPTILIA 132: 24-33.

–, H. PRÖHL & K.-P. HOFFMANN (2010): Multigene phylogenetic analysis of *Lygodactylus* dwarf geckos (Squamata: Gekkonidae). – Mol. Phylogenet. Evol. 56: 327–335.

SPAWLS, S., K. HOWELL, R. DREWES & J. ASHE (2002): A field guide to the reptiles of East Africa. – Academic Press, San Diego, 543 S.

TELFORD, S.R. (1995): A review of trypanosomes of gekkonid lizards, including the description of five new species. – Syst. Parasitol. 31: 37–52.

TORNIER, G. (1899): Ein Eidechsenschwanz mit Saugscheibe. – Biol. Zentralblatt, Jena, 19: 549–552.

WEINSHEIMER, F. & M. FLECKS (2010): Erkenntnisse zur Bedrohung des Türkis-Zwerggeckos. – ZGAP Mitteilungen 26 (1): 22–24.